陪 伴 女 性 终 身 成 长

越吃越瘦，
越吃越年轻

[日] 菊池真由子 著　　吴梦迪 译

天津出版传媒集团

天津科学技术出版社

越想瘦、越想年轻，就越要吃

跟着健康管理师，
吃出好身材、好状态

《越吃越瘦，越吃越年轻》——看了这本书的书名，势必有人会怀疑怎么可能会有这么好的事情。如果你也是这么想的，那么请务必读一下本书。

书名看似有些痴心妄想、贪得无厌，其中却恰恰隐藏着保持身材、保持年轻的秘诀。

我是一名健康管理师，从业30多年以来，已为成千上万想要变瘦、变年轻的人提供了饮食方面的指导和帮助。

正因为这些真实、多样的案例，我才能发自肺腑地说："越会吃的人不仅越瘦，也越年轻。"

相反，越是抑制自己食欲的人，越不容易变瘦，不仅会因为吃得不对而发胖，还会加速衰老。想吃的食物强忍着不吃，就会给自己造成精神压力。这种压力日积月累到一定程度后，必然会爆发。

没错，这就是减肥之后会反弹以及更显老的原因。

要说饮食方法有什么讲究的话，那就只有一个——重"质"而轻"量"。

比如，多吃牛舌和里脊肉，少吃排骨和五花肉；选择泡芙，远离水果奶油蛋糕；1天5颗小番茄，肌肤重返年轻。

诸如此类，只要在选择方式上稍下功夫，就不容易变胖，也更能抗衰老。

希望大家能够在吃饱喝足的同时，轻松愉悦地获得理想中的身材，而且越来越年轻。

规律饮食，
成功减重不反弹

不要为了变瘦而忍着不吃。正因为想瘦，才要规律地吃。

请记住，这才是减肥成功的关键。

一边吃一边瘦，还有比这更幸福的事情吗？

在我提供饮食指导的人中，大部分人都没有做过任何令自己痛苦的事情，单纯靠规律饮食就瘦了下来。比如：

65 kg → 52 kg，9个月减重13 kg。（60多岁的女性）

58 kg → 50 kg，4个月减重8 kg。（30多岁的女性）

79 kg → 72 kg，6个月减重7 kg。（40多岁的男性）

效果因人而异，但相同的是他们都轻轻松松地瘦了，并且一直没有反弹。最令人欣喜的是，他们在接受饮食指导之前不仅胖，而且显老态。而在接受饮食指导之后，不仅越来越瘦，从身体状态到精神状态，都更加年轻有活力！

我在本书的第一部分为大家介绍了能够立即实行且效果立竿见影的"减重"饮食方法。除此之外，本书还会介绍各种一边享受美食，一边快乐减肥的小方法。比如，"睡前喝1杯热牛奶，助眠又瘦身""吃多了就用卷心菜为饮食做减法"等。

这些饮食方法都能轻松实践，而且这样瘦下来，不容易反弹！

吃对了，
轻松抗衰老

　　想要抗衰老，"应该吃什么，怎么吃才能变年轻呢？"——弄清楚这两点非常重要。

　　食物的营养成分所蕴含的力量，远比我们想象得要强大得多。

- 让皮肤变好
- 祛斑、除皱
- 提拉紧致
- 燃烧脂肪
- 让头发重焕光彩

　　……

　　这些惊人的功效都隐藏在食物中。

　　食物不会背叛我们，无论从几岁开始，都不晚。只要改变饮

食方法，就可以重塑肌肤、头发和身体。想要越吃越年轻，那就必须认真选择自己所吃的食物，并食用富含"减龄功效"的食材，比如：

· 1天5颗小番茄，肌肤重返年轻

· 最强祛斑汤——番茄蛤蜊汤

· 多吃菌菇，可以让肚子变小

· 利用牡蛎的"减龄功效"，让头发顺滑如丝

……

我在本书的第二部分为大家介绍了能够立即实行且效果立竿见影的"抗衰老"饮食方法。除此之外，本书还介绍了很多方便在外用餐时选择的"抗衰老食物"。比如海鲜意大利面、杏仁巧克力、牛里脊等。

希望你可以在享受美食的同时，越来越年轻！

目录 CONTENTS

第一部分

越吃越瘦

第 **1** 章　一边享受美食，一边减肥

正确了解热量，扫除减肥障碍

第二部分

越吃越年轻

第6章 改变饮食方法，让身体和肌肤重新散发活力

越吃越瘦

第 *1* 章

一边享受美食，
一边减肥

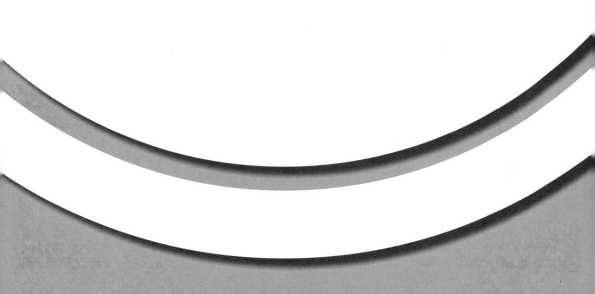

01 原则上，每天早上必须吃早餐

越吃越瘦——想要达到这个效果，首先，每天早上必须认真吃早餐。

为什么这么说呢？因为吃早餐可以控制一天的食欲。只要早餐吃得饱，不必要的食欲自然而然就会消失。

如果不吃早餐或吃得少，那么午餐前，空腹感会增强，午餐的量就会增加。另外，人体还会分泌过多增强空腹感的激素——胰岛素，导致身体动不动就感觉饿。

尽管午餐吃了很多，还是会想吃零食。而零食带来的热量和糖分都不容小觑。"不吃早餐却瘦不了"的原因就在于此。

另外，为了赶紧填饱肚子，人们往往不会细嚼慢咽。而细嚼慢咽其实也是消除多余食欲的秘诀。

增加咀嚼的次数，有助于减缓消化、吸收的速度，从而抑制能够带来空腹感的胰岛素的分泌。

除此之外，用餐时细嚼慢咽还可以让你快速产生饱腹感，而且这种饱腹感可以维持很长一段时间。

吃早餐可以消除多余的食欲

吃早餐

多余的食欲消失

午餐不多吃

不吃早餐

午餐吃太多

想吃甜点或零食

消除多余食欲的秘诀——细嚼慢咽

细嚼慢咽可以有效抑制胰岛素的分泌，消除多余的食欲。
不仅如此，还能让人体快速产生并长时间维持饱腹感。

通过早餐矫正"夜型生物钟"

每天早上吃早餐还有一个好处。那就是告诉身体新的一天开始了。

也就是说，吃早餐这一行为是在向身体宣告"该从昨天切换到今天了"。

人体生来就自带生物钟。有了生物钟的存在，人才会形成白天活动、晚上休息的节奏。

一天有24个小时，但是人并不会活动24个小时。人体的生物钟会慢1小时左右。如果放任不管，就会产生偏差，渐渐地变成"夜型生物钟"。

夜型生物钟会产生各种各样的弊端。其中最为严重的就是到了深夜，食欲暴涨，吃到停不下来。

那么，该如何矫正这种生物钟的偏差呢？

其实生物钟的偏差可以通过饮食轻而易举地得到矫正。

晚餐后不再进食，第二天早餐多吃点。只需要这样做，生物钟就会变成晨型，人也不容易发胖。

晚餐后断食，直至早上

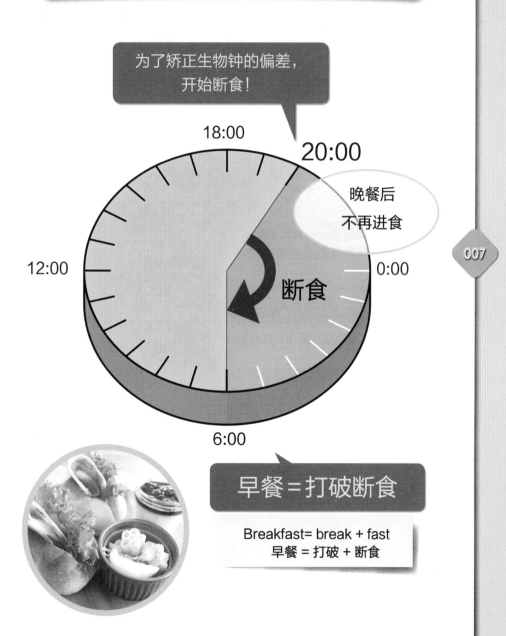

为了矫正生物钟的偏差，开始断食！

18:00

20:00

晚餐后
不再进食

12:00

断食

0:00

6:00

早餐＝打破断食

Breakfast= break + fast
早餐 ＝ 打破 + 断食

早上一杯原味酸奶，有效清理肠道

想要瘦肚子——那就每天早上喝一杯原味酸奶吧！

腹部，特别是下腹部鼓起，基本上都是因为肠道功能不佳，也就是便秘引起的。

肠道内既有有益于身体的"益生菌"，也有对身体不利的"有害菌"。

常见的益生菌主要有乳酸菌和双歧杆菌。益生菌的数量越多，肠道功能就越好，排便就越通畅，腹部自然也就越舒畅。

为什么要选择只经过发酵的原味酸奶呢？因为其中的益生菌含量是最为丰富的。

酸奶是用牛奶和乳酸菌制成的发酵食品，可以同时为人体提供牛奶的营养以及乳酸菌的作用。

早上喝原味酸奶还有一个好处，就是唤醒处于睡眠状态的肠道。活跃起来的肠道除了能吸收食物中的营养成分之外，还可以将体内的其他垃圾转化为大便，排出体外。

早上喝酸奶还可以让身体养成早上排便的习惯。

为什么选择原味酸奶

原味酸奶

不含有白砂糖、香精等添加剂。只是将牛奶发酵而已。

推荐!
益生菌含量
最为丰富!

乳酸菌含量
超 **10** 亿个

食用标准为 100 g 左右。

加水果的酸奶

加多少水果,
就少多少益生菌。

经过加工,水果中含有的维生素
和多酚类物质所剩无几。

选择适合自己的酸奶，让小肚子瘪下去

酸奶最好选用低脂的！——这是彻头彻尾的误导。因为低脂酸奶不是酸奶。

制作低脂酸奶的时候，为了达到低脂的目的，就必须减少原材料酸奶的量。而减少酸奶的量，就意味着酸奶中含有的益生菌的数量将大幅减少。益生菌含量低的酸奶，不管食用多少，都无法清理肠道。

选择酸奶时最有效的方法是选择"特保（日本消费者厅认定的特定保健用食品）"的酸奶。

和普通的食品不同，特保食品都具有特定的保健功效，比如"有利于调节腹部状态"等，且均受到了科学的认证。

不同品牌的特保酸奶，含有的益生菌种类和数量会有所不同，为肠道输送的益生菌种类和数量自然也就不同。而每个人肠道中的益生菌种类和数量等也存在很大的差别。

因此，最接近自己肠道内益生菌状态的酸奶，才是最有利于瘦小肚子的酸奶。

不同酸奶的益生菌含量

乳酸菌含量
100亿个

明治保加利亚式
酸奶LB81

普通酸奶的 **10** 倍
乳酸菌（每100 g）

特保酸奶
15亿以上
乳酸菌（每100 g）

普通酸奶
10亿个以上
乳酸菌（每100 g）

这个是"特保"的标志！

图片由株式会社明治提供

如何选出更适合自己肠道的酸奶

① 同一种酸奶连续食用2周左右。

② 边吃边比较，最后选择让你排便最顺畅、最规律的那种。

巧妙食用水果，打造易瘦体质

只要巧妙地食用水果，就可以轻松变瘦。

尤其是草莓、猕猴桃和苹果——强烈推荐这三种水果。它们是减肥路上强有力的"助攻水果"，可以将身体打造成易瘦体质。

值得注意的是这三种水果中都含有丰富的不可溶性膳食纤维——果胶。

果胶吸收水分后，会膨胀数倍到数十倍。这一特性可以让肠道内的大便变软、变大。果胶还具有降低血液中胆固醇值的作用，将不利于身体的物质排出体外。吃了肥肉，脂肪摄取过多时，可食用这三种水果。它们会帮身体进行大扫除。这就是我推荐草莓、猕猴桃和苹果最重要的原因。

这三种水果所蕴藏的力量还不止于此。搭配酸奶一起食用时，更能发挥出它们的价值。

搭配酸奶一起食用草莓、猕猴桃或苹果，是打造易瘦体质的关键。

三大减肥水果

草莓6颗
5.5g

猕猴桃1个
6.9g

推荐！
单糖含量少
的水果！

苹果1/2个
13.8g

单糖

　　水果中特有的甜味成分果糖、葡萄糖，以及淀粉、蔗糖（白砂糖的主要成分）等都是单糖。吸收快，且容易转化成脂肪，因此需要多加注意！

06 酸奶和水果搭配食用，效果更佳

由肠道细菌制成的短链脂肪酸是一种天然的瘦身成分。东京农工大学研究生院的终身教授木村郁夫先生在他的研究中证实了这一点。

简单来讲，就是肠道内的短链脂肪酸越多，身体就越容易瘦。

短链脂肪酸是一种非常优秀的物质，它既可以防止摄取过多的糖类，避免脂肪堆积下来，还能消耗多余的热量。这两种功效可以帮助我们将身体转变为易瘦体质。

那么，该怎么做才能增加短链脂肪酸呢？

制成短链脂肪酸的肠道细菌涉及很多种，而不只是一种。这些细菌被统称为"瘦子菌"。换言之，想要增加短链脂肪酸，就必须增加瘦子菌的数量。

瘦子菌的数量取决于肠道内益生菌的数量。益生菌又和膳食纤维息息相关。因此，只要给肠道输送膳食纤维，就可以变成易瘦体质。

这也就解释了为什么富含益生菌的酸奶和富含膳食纤维的水果搭配食用，可以取得更佳的效果。

增加"天然瘦身成分"

原味酸奶 100 g

能增加天然瘦身成分短链脂肪酸的饮食搭配。

水果 50 g

4颗草莓

如果是猕猴桃则1/2个，如果是苹果则1/4个。

肉类、鱼类、豆制品，常吃富含蛋白质的食物不容易发胖

"为了减肥少吃肉。"——从今天开始，请不要再做这种无用功了。

因为不吃肉，就会导致蛋白质摄入不足，反而会更容易发胖。

一日三餐去掉了蛋白质之后，基本就只剩下米饭、面条、面包等碳水化合物了。而碳水化合物易消化，会唤起不必要的食欲。

蛋白质含量较多的食物有肉类、鱼类、鸡蛋、牛奶、乳制品、豆类和豆制品等。这些食物大多还含有脂类。

事实上，脂类也是一种有利于减肥的物质。蛋白质和脂类需要很长时间才能消化，它们会长时间停留在肠胃中，抑制不必要的食欲。

除此之外，蛋白质还有餐后提高基础体温、消耗热量的作用。

摄取充足的蛋白质后，基础体温会自然而然地升高。基础体温升高，证明身体正在消耗热量。也就是说，热量会转化为体温散发出去，不囤积在体内。因此，摄取充足的蛋白质反而更有利于减肥。

多吃有助于消耗热量的食物

肉类

猪肉片

（4~6 片 约 75 g）

鱼类

三文鱼

（1 块 约 75g）

1 天应摄取的
蛋白质食物

鸡蛋

鸡蛋

（1 个）

豆制品

豆腐

（1/3 块 约 100 g）

加上原味酸奶（100 g）或
牛奶（100~200 ml）则更完美！

肉类的正确食用法——将糖类转变为能量

吃很多碳水化合物也不会发胖——这需要猪肉的帮助。

碳水化合物（糖类）是身体、大脑、神经活动的能量来源。米饭、面包、面食、碳酸饮料和甜品中含有很多糖。

虽说糖类是人类生存所必不可少的营养成分，但几乎所有现代人的糖类摄取量都偏高。"控糖"是一件非常困难的事情。尤其是含糖量很高的主食，忍着不吃会给自己造成很大的精神压力。

这时，可多食用富含维生素B_1的食物。因为这种营养成分可以巧妙地将糖类转化为能量。只要能充分燃烧摄取过多的糖类，将其转化为能量，身体就不会发胖。

说起富含维生素B_1的食物，最推荐的就是猪肉！里脊肉、前膀等瘦肉部分维生素B_1的含量较多。值得一提的是，能让猪肉中含有的维生素B_1发挥最大功效的当属大蒜。因此，建议将瘦猪肉和大蒜放在一起煎、炒，或者涮火锅。巧妙地摄取维生素B_1，打造不易发胖的体质吧！

猪肉 + 大蒜，吃不胖组合

吃猪肉吧!

猪里脊
（1 人份 100 g）

将糖转化为能量的
维生素B$_1$ 0.69 mg

推荐

气味成分"大蒜素"
可以让维生素B$_1$发
挥最大功效!

大蒜

生鱼片比烤鱼更有利于瘦身

如果要吃鱼，不要烤，吃生鱼片！这样脂肪不易堆积。生鱼片热量低，且蛋白质含量高，是典型的吃不胖的食物之一。

鱼肉中的蛋白质多为优质蛋白质。和其他肉类相比，鱼肉中的脂肪含量较少，适量吃不容易发胖。

另外，鱼肉的脂肪中还富含可以降低血液黏稠度的EPA（二十碳五烯酸）和DHA（二十二碳六烯酸），其中竹筴鱼、青花鱼等青背鱼，以及鲷鱼、刀鱼等白肉鱼中含量较高。

为什么说吃生鱼片是最好的选择呢？因为这种烹调方式的热量是最低的。脂肪中丰富的EPA和DHA也不会有任何流失。

如果一定要加热，建议炖煮，而不是煎烤。加热后，油脂融化，会流失约20%的EPA和DHA。如果是炖煮，融化的油脂会进入汤汁，吃的时候可以连同汤汁一起食用。但如果是煎烤，融化的油脂就只能浪费了。

需要注意的是千万不可以油炸。油炸后，不仅热量会增加，EPA和DHA会流失70%左右。

鱼的最佳食用方法是生鱼片

第1名 竹笋鱼

第2名 鲣鱼

第3名 金枪鱼（中鱼腩）

适合做生鱼片的鱼

356 kJ。热量低，富含EPA和DHA！搭配生姜一起食用，可以促进脂肪燃烧！

搭配大蒜一起食用，B族维生素可发挥最大功效！

虽然不是青背鱼，但EPA和DHA含量也非常多。味道浓郁，不喜欢吃鱼的人也容易入口。

EPA和DHA的含量

刀鱼块	2726 mg	鲷鱼块	1040 mg
青花鱼 1/2 条	2490 mg	竹笋鱼 1 条	609 mg

日本厚生劳动省建议EPA和DHA的1天总摄取量为1000 mg以上。

10 炸豆腐块是一种理想的减肥食物

三天吃一次炸豆腐块，一次吃一块。只要这样，你就不会发胖。

豆腐是由黄豆制成的豆浆凝固而成的。炸豆腐块是将豆腐沥干水分后入油煎炸而成的。

蛋白质分植物蛋白和动物蛋白两种。平日里，大多数人摄取的应该都是肉类、鱼类中含有的动物蛋白。

和动物蛋白相比，植物蛋白的优势在于脂类含量较少。炸豆腐块是补充植物蛋白的最佳选择。而且炸豆腐块中约76%都是水分。因此，量再大，热量也很低。另外，一块炸豆腐块所含有的油量极少，完全不构成问题。

油是"美味之源"，具有封存鲜美成分的作用。正因为这样，炸豆腐块的味道非常醇厚，比单纯的豆腐要美味很多，且更容易入口。从分量上来讲，也非常适合一个人食用。

选择炸豆腐块，既可以减少对热量、脂类的担心，同时也能充分补充植物蛋白。

极力推荐炸豆腐块的理由

炸豆腐块（1 块 200 g）

美味食谱

放入烤箱烤5分钟左右，直至焦黄。撒上葱花、生姜泥，再淋点酱油，即可食用！

1256 kJ	21.4 g	22.6 g
热量	蛋白质	脂类

注意！　　注意！

2365 kJ	25.0 g	47.9 g
热量	蛋白质	脂类

西冷牛排（150 g）

每周吃1次纳豆，获得"燃脂体质"

想要获得"燃脂体质"，那就每周至少吃1次纳豆吧！因为纳豆富含能够顺利分解脂肪的维生素B_2。

纳豆是用黄豆和纳豆菌制成的发酵食品。纳豆菌可以增加纳豆中维生素B_2的含量。

除了纳豆之外，还有很多其他食物也含有丰富的维生素B_2。但它们多是动物性食品。也就是说，会同时含有脂肪和胆固醇。

但是，作为植物性食品的纳豆就没有这方面的问题，它的脂肪含量很少。因此，想要补充维生素B_2，同时又要避免摄入多余的脂肪，纳豆就是不二之选。

纳豆还有一个很大的优点。那就是含有大量的"泛酸"。泛酸可以转化为抗压激素，是增强抗压能力所不可或缺的物质。

前文也提到过，人压力一大，就会不自觉地增加食量。这是因为人们想要通过吃来缓解压力。在这点上，纳豆可以有效地消除由压力造成的多余食欲。

1次的食用标准为1盒（50 g）。

维生素 B₂ 有助于燃烧脂肪

纳豆
（1 盒 50 g）

0.28 mg
维生素B₂

王菜
（1/2 袋 50 g）

0.21 mg
维生素B₂

植物性食品

牛油果
（1个 约70 g）

0.15 mg
维生素B₂

巴旦木
（15粒 约18 g）

0.20 mg
维生素B₂

富含维生素 B₂ 的动物性食品

肝脏类、鳗鱼、鲽鱼、沙丁鱼、秋刀鱼、青花鱼、牛奶、酸奶、鸡蛋等。

12 吃多了就用卷心菜为饮食做减法

吃多了可以用一种食材抵消——那就是卷心菜！蔬菜是低热量食品的代表，其中最值得推荐的是卷心菜。无论吃多少都不会发胖。

具体做法请参考P028。这里要先介绍卷心菜的两个优点。

第一个是膳食纤维含量高。摄取充足的膳食纤维有助于提高饭后的饱腹感，消除想要吃零食的欲望。

第二个优点是可以在暴饮暴食之后，抚慰肠胃。

消化食物需要胃酸。暴饮暴食后，人体会分泌过多的胃酸，对胃造成伤害。

这时，就轮到卷心菜特有的成分——维生素U出场了。它可以抑制胃酸的分泌，加固、修复因暴饮暴食而虚弱的胃黏膜。

除此之外，卷心菜还含有丰富的维生素C，和维生素U一起保护疲惫的肝脏。

卷心菜的惊人功效

有效针对暴饮暴食

① 膳食纤维可以消除多余食欲。

② 维生素U有助于养胃。

③ 维生素C+维生素U，可以保护疲惫的肝脏。

"以周为单位"来思考食用量

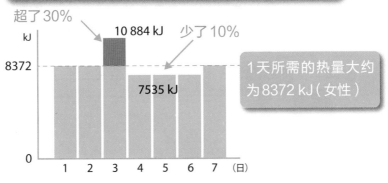

超了30%

10 884 kJ

少了10%

kJ

8372

7535 kJ

1天所需的热量大约为8372 kJ（女性）

0

1　2　3　4　5　6　7　（日）

吃多了，就为饮食做减法！

如何消除暴饮暴食带来的影响

每周只需 3 天
将饮食的一部分换成卷心菜丝

1 次的量

卷心菜丝的量为
主菜的2倍（60 g）

目标

3天内超过4次
（1/4 颗卷心菜）

	早	中	晚
第1天	○	●	●
第2天	○	●	○
第3天	○	●	●

○ 换成卷心菜丝
● 正常饮食

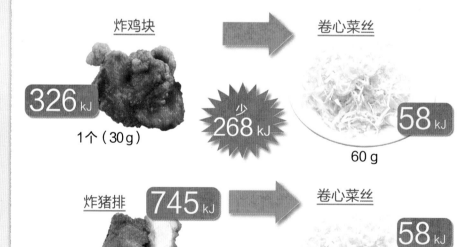

炸鸡块

326 kJ

1个（30 g）

少
268 kJ

卷心菜丝

58 kJ

60 g

炸猪排

745 kJ

1/3块
（猪里脊肉22 g）

少
687 kJ

卷心菜丝

58 kJ

60 g

第2章

越吃越瘦的
食物选择法

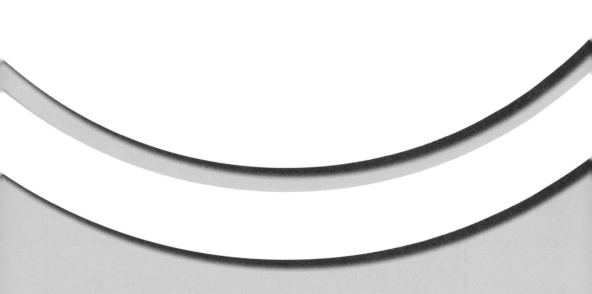

选择便宜的冰激凌

吃冰激凌的时候，请选择便宜的，几块钱的即可。

因为越便宜，热量越低。吃同等克重，价格却超过10元的高档冰激凌时，你是不是会觉得"味道真浓厚"呢？

味道浓厚的秘密在于"乳脂肪"。

冰激凌中乳脂肪的含量和价格成正比。乳脂肪越多，味道越浓厚，但同时热量也越高。也就是说，吃高档冰激凌更容易发胖。

如果选择比较便宜的冰激凌，那么吃150 g也无妨。但如果吃的次数太多，热量也会累计到不小的数值。因此，一周最多吃3次。

顺带一提，冰激凌的口味最推荐香草味。巧克力味和抹茶味的热量会偏高，尤其是抹茶味的！因为为了掩盖抹茶的苦味，厂商往往会多加白砂糖。这一点不太符合日式健康甜点在人们心目中的印象，需要特别注意。

食用的时间也需要注意。过了晚上10点，就不要再吃了。晚上吃冰激凌，非常容易长胖！

选择冰激凌时的注意事项

吃了也不会发胖的
冰激凌注意事项

☑ 价格
5元

☐ 克重
150 g以下

☐ 热量
837 kJ左右

口味和时间也要注意！

☐ 口味

仅限香草味

☐ 时间

晚上10点后不吃

吃不胖的甜点——泡芙

哪种甜点是吃不胖的呢？——可喜可贺，竟然是泡芙！

泡芙可以满足你想通过甜点获得的所有味觉体验。主角卡仕达酱是很多甜点都会使用的材料。有些泡芙也会使用奶油。

泡芙的皮既有像海绵那样松松软软的，也有像蛋挞那样偏硬的。

泡芙虽然用料充足，热量却出乎意料地低。这是因为泡芙不使用水果奶油蛋糕等蛋糕类甜点中必不可少的海绵蛋糕基底。

海绵蛋糕会使用很多白砂糖。至于高级的水果奶油蛋糕，更是会在海绵基底中加入糖浆。

推荐泡芙的另一个理由是它的尺寸比较多样。迷你泡芙的话，即便吃5~6个，热量也不算太多，而且还会获得"吃了很多"的满足感。

尺寸小，热量低，这是吃泡芙也不发胖的秘诀。

用料足，热量低

泡芙

甜点的口感和
味道全都有！

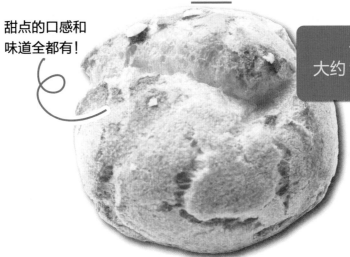

1个
大约 1000 kJ

尺寸多样

小泡芙

1个大约 **120** kJ

吃5~6个也不会胖。

和水果奶油蛋糕的区别

水果奶油蛋糕

1块大约 **1867** kJ

因为有海绵蛋糕基底，
热量很高！

吃了容易发胖的甜点之后，设置 3~4天的"无零食日"

如果在下班回家的路上，想要买甜点犒劳一下努力工作的自己。除了泡芙外，建议选择咖啡果冻、提拉米苏或华夫饼。

西式甜点一般越是好吃，热量就越高。但是，便利店的提拉米苏则要另当别论。它虽然好吃，但娇小的尺寸很好地控制住了热量。

另外，也有吃了绝对会发胖的甜点。它们就是芝士蛋糕（或免烤芝士蛋糕）、蒙布朗以及日式点心中的团子。

芝士蛋糕使用大量奶酪制成，含有丰富的乳脂肪，热量很高。免烤芝士蛋糕看似热量低，但制作时会使用大量酸奶油或鲜奶油，所以热量和普通的芝士蛋糕不相上下。

蒙布朗的栗子奶油中加入了很多黄油，热量颇高。

团子虽说是日式点心，但容易吃多。咸甜的酱汁中更是含有大量的白砂糖，需要特别注意。

可以选择这些甜点犒劳自己

推荐！

咖啡果冻
234 kJ

如何选择
不发胖的甜点

· 1个的热量在
　837 kJ左右

· 尽可能选择小的

提拉米苏
833 kJ

华夫饼
871 kJ

如果吃了
热量高的甜点

日	一	二	三	四	五	六
0	吃	0	0	0	吃	0

设置3~4天的"无零食日"

需要注意

芝士蛋糕
1285 kJ

日式团子
1486 kJ

蒙布朗
2139 kJ

1碗豚骨拉面的热量等于1.5碗盐味拉面

吃拉面时，要注意汤底。光这样，就可以减少不少热量。

每一家店的拉面多由面和叉烧组成，且面量也相差无几。但是即便配菜相同，拉面的热量也会因汤底的不同而千差万别。

这究竟是为什么呢？

拉面只要选择汤底清淡的拉面，配菜的脂肪含量也会相应减少。让人感觉美味的鲜味成分和盐分也包含在汤底的脂肪中。汤底中的这些味道和相应的食材相辅相成，成为一碗拉面。也就是说，脂肪含量少、口味清淡的拉面会使用同样脂肪含量少的干笋或瘦肉多、热量低的叉烧。而脂肪含量高、口味浓厚的拉面则会使用肥肉多、热量高的叉烧。通过这样的搭配来调节味道。

换言之，只要选择汤底清淡的拉面，配菜的脂肪含量也会相应减少，热量自然也就降低了。吃拉面时，我推荐的汤底口味依次是酱油味、盐味、豚骨。

不同种类的汤底，热量大不相同

3500 kJ

高

豚骨味噌拉面
2955 kJ

热量高，脂肪多，尽量不要选择这种。实在想吃的话，要通过其他食物来调节热量。

豚骨拉面
2767 kJ

脂肪偏多的情况比较多。

味噌拉面
2227 kJ

热量低，盐分也少。

酱油味拉面
2034 kJ

最推荐！

它的卡路里最低，但更咸。

盐味拉面
1859 kJ

低

1700 kJ

拉面的配菜首推炒蔬菜

如果要吃拉面，一定要选择不会发胖的配菜。我首推炒蔬菜。

如果觉得只有蔬菜无法满足的话，可以搭配2片叉烧或2~3片猪肉片。

炒蔬菜中的蔬菜比较推荐豆芽、韭菜和大葱。豆芽量多、热量低，韭菜、大葱含有的气味成分大蒜素可以让猪肉中丰富的维生素B_1发挥最大的功效。

蔬菜含有丰富的钾，可以将盐分排出体外。因此不用担心汤底中多余的盐分。蔬菜的量以一个拳头大小为标准。

裙带菜也是一个不错的选择。它热量极低，且含有丰富的膳食纤维，还可以将汤底中多余的胆固醇排出体外。

除此之外，还可以吃个水煮蛋。鸡蛋不仅有蛋白质，维生素和矿物质的含量也很丰富。其中不乏可以将面中的碳水化合物以及汤底中的脂肪转化为能量的维生素B_1和维生素B_2。

不容易发胖的"菊池式拉面"

将脂肪转化为能量的
维生素B₁、维生素B₂

将盐分排出体外的
钾

韭菜

大葱

豆芽

水煮蛋

将胆固醇排出体外的
膳食纤维

裙带菜

汤底为酱油味

吃烤肉时，多吃牛舌、里脊肉，少吃排骨肉、五花肉

如何吃烤肉吃到心满意足也不发胖——很简单，注意脂肪即可。

简单来说，就是少吃排骨肉、五花肉等脂肪含量多的肉。但是，难得吃一次烤肉，总想吃些高脂肪的肉吧。

那么，该怎么点菜呢?

首先要点吃了也不会发胖的肉——牛舌和里脊肉。比起用酱汁腌制过的，盐渍的热量更低。

牛舌和里脊肉虽然也有脂肪，但只要蘸盐吃，100 g牛舌和100 g里脊肉的热量加起来也只有1256 kJ左右。先吃这两种肉，满足感一下子就会提升很多。

接下来，可以选择便宜的肉、内脏等，也就是没有"特选""和牛"等标志的肉。

便宜的肉和内脏的脂肪含量较低。另外，内脏偏硬，吃起来会很有嚼劲。咀嚼的次数自然就会增加。这也是推荐内脏的一个理由。

烤肉吃不胖的秘诀

牛舌　　　里脊肉（盐渍）
1130 kJ **1331** kJ

排骨肉　　　五花肉（酱汁）
2097 kJ **2122** kJ

选择盐渍的脂肪含量少的肉

里脊肉

内脏

一开始就把所有菜品都点上，吃着吃着肚子就会鼓起来，既可以控制住自己，也不用担心超出预算。

推荐竹笑鱼、鱿鱼、鲕鱼和比目鱼寿司

选择寿司时也要注意方法。因为寿司既有健康的，也有高热量的。

那么，什么样的寿司可以吃，什么样的寿司要尽量避免呢？

比如碳水化合物（米饭）比较多的寿司、散寿司、生鱼片盖饭、卷寿司、押寿司，这些都属于高热量寿司。

食材使用了蛋黄酱的寿司，比如金枪鱼蛋黄酱寿司、蟹棒沙拉寿司等，就属于高脂肪寿司，它们的热量也很高。

因此，想要吃不胖，就选择米饭量少，且食材中没有蛋黄酱的寿司。换言之，握寿司才是终极的健康食物。

食材仅限于鱼类和贝类。因为生鱼片或贝类含有丰富的优质蛋白质，脂肪含量也非常低。

鱼类和贝类中还含有丰富的赖氨酸。这是一种必需氨基酸，可以促进糖类的代谢。当米饭搭配鱼类、贝类一起食用时，赖氨酸可以将糖类转化为能量，防止其成为多余的脂肪堆积在身体内。

特别值得推荐的是鲷鱼、鲕鱼、比目鱼和竹笑鱼。因为这几种鱼还含有丰富的燃烧碳水化合物（糖类）所必需的维生素B_1。

严选旋转寿司的食材

鱿鱼
335 kJ

脂肪只有
0.4 g。

竹鱼
414 kJ

含有丰富的必
需氨基酸赖氨
酸，不断燃烧
糖类！

旋转寿司吃不胖的秘诀

1. 餐前喝1杯茶
   → 填饱肚子，防止过食

2. 吃不胖的量是多少呢？
   → 女性6盘
     男性7~8盘

3. 吃醋腌生姜
   → 辛辣成分"姜酮"可以燃烧
     脂肪

鲷鱼
456 kJ

比目鱼
410 kJ

在居酒屋吃不胖的方法

炸鸡块、煎饺——这些下酒菜，只要搭配着吃就没问题。

除了炸鸡块、饺子之外，还有比萨等高热量、高脂肪的食物。居酒屋人气越高的菜品，越不利于减肥。

但是，想吃的时候，还是可以尽情享用的。

喜欢吃炸鸡块的人，不要因为担心会胖就忍着。这样反而会给自己造成不必要的压力。没有心理负担地享用美酒和美食，最终才不会发胖。

开心的时候，遇到自己想吃的食物，没必要忍着。越忍越难压制自己的食欲。

但是，吃炸鸡块等油炸食品时，要选择低热量的下酒菜一起食用。比如蔬菜、豆腐或鱼类。而且，不可以是油炸的，也不可以使用蛋黄酱。

如果热量超标了，其他时候调节一下即可。你可以从第二天开始，连续三天将食量减少至平时的80%。

健康管理师推荐的居酒屋菜单

主食

炸鸡块

煎饺

比萨

推荐! 一起食用

➕

3种都吃
850 kJ

豆腐

毛豆

生鱼片

✖ 不可以一起食用

3种都吃
4333 kJ

土豆沙拉

薯条

烤鸡皮

啤酒怎么喝都不发胖的方法

喝啤酒也不会发胖——这个方法要推荐给喜欢喝啤酒的人。

那就是选择下酒菜时，稍微用点小心思。只要这样，就可以避免困扰了众多啤酒爱好人士的问题——啤酒肚。

啤酒和所有下酒菜都非常搭。炸鸡块、比萨、烤鸡肉串自不用说，就连毛豆、豆腐，就着啤酒一起吃，也非常美味。

也正因为如此，喝啤酒的时候，总是会在不知不觉间就吃多。因此，喝啤酒时，一定要选择低热量、高蛋白质的下酒菜。

热量低的话，吃的时候就不用担心量，也可以给自己减轻压力。

高蛋白质的食物可以保护肝脏免受酒精的伤害。肝脏分解酒精时需要蛋白质。肝细胞在拼命分解酒精，为人体解毒的过程中，不断地受损。此时，需要蛋白质来进行修复。除此之外，蛋白质还可以帮助人体在吃饭的时候将热量转化为体温散发出去。

喝啤酒不发胖的 3 个秘诀

1.控制量，避免宿醉

如果喝的量超过了肝脏的分解能力，那么热量就会转变为腹部的脂肪。

2.选择低热量的下酒菜

吃的时候还要担心量的话，会给自己带来心理负担，所以请选择热量低的食物。

3.选择高蛋白质的下酒菜

蛋白质可以提高基础体温，将热量通过散热的方式散发出去。

10 和啤酒是绝配！吃不胖的下酒菜

先了解一下吃了会胖的下酒菜吧。

下酒菜导致发胖的原因有两个。一是因为脂肪含量多；二是因为吃的量超标。比如比萨、薯条，它们就是典型的吃了会胖的下酒菜。

反过来想，脂肪含量低且不会让人吃太多的下酒菜就是吃不胖的下酒菜。具体来讲，就是生吃的菜品和煮着吃的菜品。

生吃的菜品包括奶酪、生鱼片、凉拌豆腐和蔬菜等。比如，用萝卜、生菜做的蔬菜沙拉、海藻沙拉、醋拌章鱼和黄瓜等。

吃生鱼片的话，建议选择鲷鱼、鲕鱼、竹筴鱼、醋腌青花鱼或三文鱼。原因前文已经说过，因为这些鱼含有丰富的维生素 B_1，可以分解酒精，防止多余的脂肪堆积在体内。也可以选择富含牛磺酸的扇贝、章鱼和鱿鱼。因为牛磺酸具有保肝护肝的功效。

煮着吃的菜品有毛豆、涮锅、温蔬菜沙拉、调味鸡蛋等。

喝酒时，应尽情享受美食，不能给自己施加压力。在下酒菜的搭配上多花点功夫，这样就可以享受美酒佳肴了。

丰富多样的下酒菜

奶酪 生鱼片 凉拌豆腐

生吃的菜品

菜量标准

· · · · · · · · · ·

肉类、鱼类
　　100 ~ 150 g
蔬菜
　　2拳大小
奶酪
　　1小碗

煮着吃的菜品

毛豆 温蔬菜沙拉

涮锅 调味鸡蛋

11

多吃鲣鱼、金枪鱼、三文鱼和秋刀鱼，预防脂肪肝

喝多了酒产生的热量，以及吃多了下酒菜产生的热量都会堆积在哪里呢？

其实，这些热量往往会堆积在帮我们分解酒精的肝脏内。肝脏内脂肪堆积过多的话，肝脏就会陷入肥胖的状态，即所谓的脂肪肝。

脂肪肝多见于30~50岁之间的人群，是各种生活方式病的背后推手。

因此，当你感觉喝多了的时候，不妨多多食用可以防止脂肪在肝脏内堆积的鱼——鲣鱼、金枪鱼、三文鱼以及秋刀鱼。

这四种鱼中含有丰富的维生素B_6，可以击退意图在肝脏里安寨扎营的脂肪。

选择其中的任意一种即可，但要保证充足的量。

烤鱼的话，控制在1块三文鱼或1条秋刀鱼。生鱼片的话，至少8块金枪鱼片。油炸会额外产生脂肪，所以不可以吃油炸的鱼。

防止体内脂肪堆积，陷入肥胖状态，有利于健康地减肥。如果喝多了，就从第二天开始，让肝脏好好休养生息吧。

用维生素 B₆ 击退肝脏中的脂肪

吃多了、喝多了。

脂肪肝

如果感觉喝多了，就用富含维生素 B₆ 的鱼来击退脂肪！

放任不管的话，会演变成生活方式病！

鲣鱼

金枪鱼

三文鱼

秋刀鱼

肝脏恢复正常了！

12

巴旦木能促进脂肪燃烧和糖类代谢

无论搭配什么类型的酒都不会发胖的下酒菜——那就是巴旦木。

巴旦木之所以会有如此喜人的功效，完全是仰仗于含量丰富的维生素B_2。它不仅可以立即燃烧其他下酒菜带来的脂肪，分解体脂肪，还可以促进碳水化合物的代谢，防止多余的热量蓄积在体内。

除此之外，巴旦木中钙、镁等矿物质的含量也十分丰富。镁钙联手，可以发挥稳定情绪的作用，从而防止由压力造成的暴饮暴食。

另外，镁还能和B族维生素一起不断地促进碳水化合物的代谢，燃烧脂肪。

人们经常选择高热量、高脂肪的下酒菜。另外，酒精会妨碍人体吸收镁，越是喜欢喝酒的人，就越容易缺镁。因此，巴旦木可谓是为喝酒人士量身打造的下酒菜。

为爱酒人士量身打造的下酒菜

巴旦木

1 餐（25 粒）

热量	762 kJ
维生素B$_2$	0.33 mg
镁	81 mg
钙	63 mg

维生素 B$_2$ 的功效
·分解脂肪
·促进碳水化合物的代谢
·防止多余的热量堆积下来

镁的量
相当于1杯牛奶的
4 倍左右

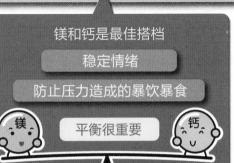

镁和钙是最佳搭档

稳定情绪

防止压力造成的暴饮暴食

镁

平衡很重要

钙

13 最后再吃1碗拉面也不会发胖的方法

一顿胡吃海喝之后，最后还是想要点一碗拉面收尾，我能理解这种感觉。

因为这是人体的正常反应。

肝脏在分解酒精的时候，会使用到糖类，这时体内的糖类会变得不足。另外，酒精有利尿作用，身体也会缺失水分。

因此，身体渴求拉面这种富含糖类和水分的碳水化合物，也算是一种正常的生理反应。

吃拉面完全没有问题，但想要不发胖，必须做到下面两点。

第一点是吃两人份的毛豆。毛豆中含有丰富的维生素B$_1$和维生素B$_2$，可以分解碳水化合物和脂肪。

第二点是吃日式早餐。因为日本料理的菜品搭配可以防止多余的热量转变为脂肪。杂粮饭、加入了裙带菜的味噌汤、卷心菜、鸡蛋、纳豆等，营养要均衡。

没有食欲的时候，也可以只喝一碗加入了裙带菜的味噌汤。丰富的膳食纤维可以阻止人体吸收多余的胆固醇，将吃进去的食物转化为大便排出体外。

身体渴求拉面的原理

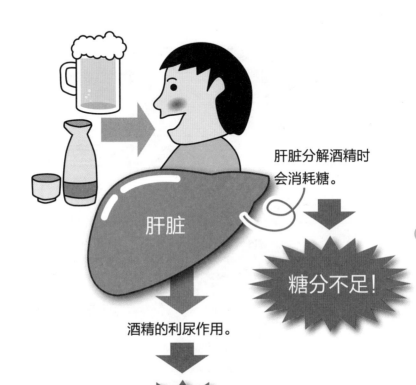

肝脏分解酒精时
会消耗糖。

肝脏

糖分不足!

酒精的利尿作用。

水分不足!

Q 富含糖分和水分的碳水化合物是什么?

A 拉面。

注意聚餐后的饮食

19:00
喝酒

丰富的维生素B_1、维生素B_2会燃烧碳水化合物和脂肪。

<u>毛豆</u>

22:00
最后一道菜

汤底选择酱油口味的，减少热量。

想吃就不要忍着。

<u>酱油味拉面</u>

7:00
次日早上

在和平时相同的时间，吃日式早餐。

要有意识地摄取裙带菜等膳食纤维！

第 **3** 章

正确了解热量，
扫除减肥障碍

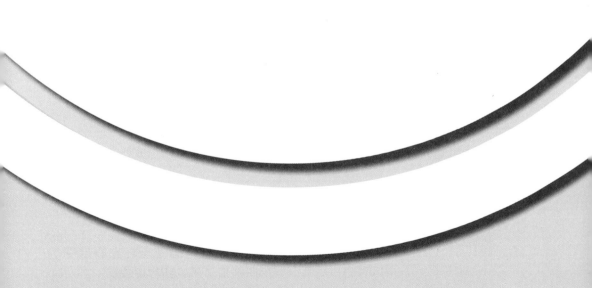

01　"胖会遗传"的说法是错的，胖的真正原因是什么

胖是遗传，所以瘦不下去——我可以理解这种想法，但它是彻头彻尾的误解。导致胖的根本原因是饮食习惯，而非遗传。

当父母或兄弟姐妹也胖时，确实会下意识地怀疑是不是因为遗传。发生这种情况的原因只有一个，那就是全家人的饮食习惯都容易导致发胖。

"我姐姐很苗条，但我很胖。"——为减肥人士提供饮食指导时，我经常听到这样的声音。

一家人哪怕一日三餐吃得都一样，体重还是会存在差异。这种差异主要来自于一日三餐之外摄取的热量。绝不能归咎于遗传。

每当这时，我都会要求他们将一天内吃的所有东西拍成照片给我看。

结果，这些照片将他们和朋友一起吃蛋糕或聚餐时又喝酒又吃高热量食物的场景全都真实地记录下来。

未来三天，请试着将自己吃过的东西都拍下来。你肯定会发现自己吃的比想象中要多得多。

饮食相同，姐妹的体形却不同

一日三餐之外，
摄取的热量不一样

试着将未来三天内
吃过的东西都拍下来。

我吃了
这么多吗？

记录式减肥——将吃过的东西写下来

将饮食内容记录下来——只要这样，你就不会变胖。

简言之，就是不管消耗多少热量，只要减少摄入的热量，人就会变瘦。只要将现在的饮食切换成热量更低的饮食，就可以瘦下来。

但是，现实不可能这么一帆风顺。

有时候明明已经切换成热量更低的饮食了，却没有一点要瘦的迹象。这是为什么呢?

理由很简单。那就是热量实际上并没有减少，你只是自己觉得减少了而已。大部分人实际吃的量要远远多于自己记忆中的量。

比如，米饭会让人发胖，就将饭量减少到了原来的三分之一左右。这样一来，从米饭摄入的热量确实会减少。但是，如果菜的量相应地增加了，两者就会相互抵消。最后，摄入的总热量和平时一样。

但是自己往往会觉得减少了米饭的量，热量应该也减少了。进而产生"为什么瘦不下去"的困扰。

只要记录下来，就可以瘦

早餐 7：20

1 片吐司（黄油）
牛奶 or 酸奶

记录下来后，就会想要控制热量。

自然而然地变瘦

午餐 12：00

1 碗米饭
1 块盐烤青花鱼
1 小碗土豆沙拉
炒蔬菜（猪肉、韭菜、豆芽）

控制土豆的量。

容易忘了自己吃过。

加餐 15：00

日式团子

肉、鱼、鸡蛋等高蛋白质食物吃太多了。

晚餐 19：00

1 碗米饭
味噌汤（土豆、洋葱、大葱）
汉堡肉、鸡蛋卷
沙拉（火腿、生菜、黄瓜、番茄、洋葱）
凉拌豆腐（葱花、木鱼花）
1 罐啤酒（350 ml）
……

啤酒 1 天控制在 500 ml 以内。

吃的东西一样，胖瘦却不一样

"明明吃的东西都一样，为什么只有我一个人胖了？"

因为即便吃的内容一样，使用的调味料的量不同，也会造成摄入的热量出现差异。

国外有一项针对瘦姐姐和胖妹妹的研究。这对姐妹是双胞胎，基因是一样的。那为什么体形会不一样呢？

通过对她们的饮食内容、工作等活动量、睡眠时间等的调查，发现只有一个地方存在差异。那就是瘦姐姐吃完沙拉后，盘子里还会残留很多沙拉汁，而胖妹妹的盘子里却什么都没有。

光凭这个调查无法下定论，但还是值得参考的。

自以为完全相同的饮食内容，其实热量会因为人造黄油、蛋黄酱或沙拉汁的量而天差地别。请牢记，细微的差异日积月累后，就会体现到体重上。

1大匙调味料约有419 kJ——记住这个，你就会朝着苗条的身材这个目标不断迈进了。

调味料的量不同，热量也不同

涂在面包上的人造黄油

薄涂 　2小匙（8 g）
260 kJ

厚涂 　1大匙（12 g）
约**419** kJ

相差
159 kJ

挤在沙拉上的蛋黄酱

普通 　2小匙（8 g）
234 kJ

充足 　1大匙（16 g）
469 kJ

相差
235 kJ

人造黄油和蛋黄酱是造成代谢综合征的罪魁祸首

　　说到人造黄油和蛋黄酱，人们往往会关注其中包含的反式脂肪酸。

　　反式脂肪酸是构成脂类的脂肪酸的一种。一般存在于牛肉、牛奶、乳制品等天然食品中。除此之外，用植物油制作人造黄油、饼干、糕点等的过程中，也会产生反式脂肪酸。

　　反式脂肪酸摄取过多，会增加罹患动脉硬化、心肌梗死等疾病的风险。但是，就日本人在日常饮食中摄取的量而言，可以说它对健康的危害是很小的。

　　反式脂肪酸含量高的食品，脂肪含量也高。当摄取的反式脂肪酸已经多到会影响身体健康时，人已经因为脂肪摄入量过多而变得肥胖。此时，就容易被代谢综合征以及动脉硬化、脂质代谢异常、高血压、糖尿病等生活方式病找上门，而这些都和反式脂肪酸没有关系。

　　牛肉的肥肉、奶酪的乳脂肪、人造黄油、蛋黄酱中确实含有很多反式脂肪酸，但我们更应该注意的是"高脂食品"的食用量。

比起反式脂肪酸，更应该注意脂肪

人造黄油

蛋黄酱

牛肉

奶酪

为了防止摄入过多反式脂肪酸

蛋黄酱、人造黄油最多使用 2 小匙。
不要吃太多脂肪含量高的食物。

反式脂肪酸的摄取标准

　　WHO（世界卫生组织）建议不要超过总能量的1%。日本人的平均摄取量是总能量的0.3%。在日常生活中，没必要为此感到担心。总能量的1%就相当于1天2 g左右。当然这也会受年龄、性别等因素的影响。

芝士汉堡和照烧肉汉堡，吃哪个更容易发胖

因为照烧肉汉堡是日式的，所以更健康。——这完全是一种误解。

因为在制作汉堡的时候，为了让味道更加醇厚，会放入大量高热量、高脂肪的蛋黄酱。

请想象一下高热量的汉堡。你脑海中浮现的是不是夹着猪排等油炸食品的汉堡呢？

肯德基的炸鸡排汉堡，1个的热量是1984 kJ。乐天利的虾肉汉堡，1个的热量是2059 kJ。而麦当劳的照烧肉汉堡，1个的热量也高达2076 kJ。可见就算是日式汉堡，也不健康。

我选择汉堡时，主要看有没有使用蛋黄酱来调味。也就是说，我会选择芝士汉堡、米汉堡，或者其他没有使用蛋黄酱的汉堡。

除了照烧味之外，使用了蛋黄酱的汉堡还有很多。虽然能吃的种类受到了很大的限制，但了解了热量之后，你自然就会想避开蛋黄酱风味了吧。

小心日式汉堡中的蛋黄酱

虽然是日式风味的，但使用了大量的蛋黄酱！

照烧肉汉堡

在麦当劳……

照烧肉汉堡	2076 kJ
麦辣鸡腿堡	1863 kJ
芝士汉堡	1298 kJ
原味汉堡	1088 kJ

为什么注重低热量却依旧瘦不下去

吃低热量的食物——事实上，光这样是瘦不了的。请看下一页。

像荞麦面这样简单又朴实的面条往往给人一种非常健康的感觉。但事实上，像天妇罗荞麦面那样带配菜的食物反而更健康。配菜一多，消化所需要的时间就会相应地增多，从而抑制住不必要的食欲。而且，能摄取的营养成分也更加丰富。

"热量不代表一切"，请先记住这句话。它适用于所有食物，不仅限于面类。

接下来我要推荐一些在外面用餐时可以点的菜品，这些菜品都有丰富的配菜：第1名是石锅拌饭，第2名是什锦拉面（汤面），第3名是中华冷面。

这三种主食都使用了很多食材，尤其是蔬菜，可以轻松地获得均衡的营养。

但是，石锅拌饭有个美中不足的地方，就是米饭的量比较多。点餐时，你可以要求少放点米饭。

选择配菜多的菜品，而不是热量低的菜品。这是消除不必要的食欲自然而然瘦下去的秘诀。

饱腹感比热量更重要

荞麦面

脂肪少

↓

饱腹感差

↓

吃零食

↓

发胖

1189 kJ
（消化需要大约2.5小时）

⚠ 看着热量低，但肚子容易饿

天妇罗荞麦面

配菜丰富

↓

饱腹感强

↓

不吃零食

↓

不发胖

2319 kJ
（消化需要大约4小时）

❗ 看着热量稍高，但饱腹感可以维持很久

即便是"零热量"，也会有可怕的人工甜味剂

"零热量"就没问题——赶快放弃这种天真的想法。

包装袋上标着"零热量"的食品里都有一种"魔鬼成分"，那就是人工甜味剂。人工甜味剂会勾起不必要的食欲，大脑被这种食欲所欺骗，反而会更想吃甜食。

人工甜味剂和白砂糖一样甜，但几乎没有热量。这意味着它本身不具备白砂糖中含有的糖分。这样一来，会产生什么样的后果呢？

喝了或吃了使用人工甜味剂制成的饮料或甜点后，舌头会感觉到甜味，从而向大脑传达"甜味=糖分"已经进入身体的信号。大脑接收到该信号后，会分泌降低血糖值（血液中葡萄糖的浓度）的激素。但实际上，糖类并没有增加，导致血糖值下降过多。此时，身体就会想要补充糖类，激发想吃甜食的欲望。

最后，在这种欲望的驱动下，你就会去吃使用了白砂糖的甜食。

这是大脑下达的指令，因此难以违抗。再怎么忍耐，也会输给想吃甜食的欲望。

如何聪明地利用人工甜味剂

摄取人工甜味剂后……

和白砂糖一样甜，但零热量，零糖分

大脑错以为糖分进入了身体

↓

分泌降低血糖值的激素

↓

血糖值下降过多

但实际上，糖分并没有增加！

灵活利用这个特点！

吃蛋糕时，将放入咖啡的白砂糖换成人工甜味剂。

血糖值稳定，不必要的食欲也消失了。

疲劳时，用酸甜味的食物代替甜食

疲劳的时候，总是会不自觉地将手伸向甜甜的点心……

一定要果断改掉这种习惯。

疲劳时，吃巧克力、曲奇饼干、蛋糕等甜食确实会让人感觉疲劳消除殆尽。但是，这种效果持续不了多久。2~3小时后，等糖类被消化，疲劳感就会卷土重来。

像这样，一感到累，就想通过吃甜食来消除疲劳，只会让人体囤积过多的热量，陷入恶性循环。

想要打破这种恶性循环，可以使用柠檬酸。柠檬酸多存在于酸味食物中。可以通过柑橘类（橙子、橘子、西柚等）水果或纯果汁来轻松补充柠檬酸。酸酸甜甜的味道会将疲劳感一扫而光。

疲劳时，吃酸甜味的食物——这是消除疲劳的小妙招，简单又美味。

如果一定要吃甜食，推荐使用了橙子或西柚的蛋糕、果挞等。其他甜点也可以，搭配四分之一个柑橘类水果即可。

柠檬酸可以有效缓解疲劳

Q 疲劳时吃什么？

 柑橘类（橙子、橘子、西柚等）

含有柠檬酸的酸甜味食物才是正确答案，帮我们轻松消除疲劳！

 水果奶油蛋糕

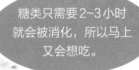 糖类只需要2~3小时就会被消化，所以马上又会想吃。

073

有助于排出体内垃圾的维生素B_1是"人体的元气源泉"

一感觉累就吃甜味点心，导致摄取的热量超标。避免陷入这种恶性循环的方法还有一个，那就是多食用含有维生素B_1的食物。

想要消除疲劳，就必须将糖类转化为能量。这时就需要维生素B_1了。维生素B_1具有将体内垃圾排出体外的作用，是一种真正可称之为"元气源泉"的营养成分。

但遗憾的是，体内含有充足维生素B_1的人并没有那么多。如果缺乏维生素B_1，糖类就会成为多余的热量，转化成身体脂肪囤积下来，进而引起肥胖。这就是有些人明明工作那么忙，在不断地消耗能量，却依旧发胖的原因。

那么，该如何补充维生素B_1呢？答案就是晚餐时积极地食用瘦猪肉。

将猪肉和大蒜、韭菜或洋葱放在一起炒，或做成涮锅，效果更佳。大蒜里的气味成分大蒜素可以最大限度地激发维生素B_1的功效。除此之外，也可以试试柠檬酸含量丰富的水果（见上一节内容）。

晚餐时食用猪肉、醋，餐后食用酸甜味的水果，有助于人体在睡眠期间从疲劳中恢复过来。

经常吃猪肉的人不容易累

消除疲劳的原理

维生素 B$_1$

B_1 B_1 B_1 B_1 B_1

糖类

能量

维生素 B$_1$ 将糖类转化为能量

食用富含维生素 B$_1$ 的食物

猪肉　鳗鱼　糙米

花生　黄豆

猪肉泡菜锅、什锦火锅……
怎么吃都不会胖的火锅

吃到撑也不会胖，甚至还有助于减肥——这种食物就是火锅。

火锅有很多种类，但蔬菜都是必需品。尽可能地多吃蔬菜，就能实实在在地变瘦。

蔬菜一煮就缩水，因此煮熟后吃的量要比生吃多很多。另外，火锅中肉类、鱼类等食材的味道以及汤底的味道会渗入蔬菜，就算是讨厌蔬菜的人也不会那么排斥。

蔬菜的热量很低，就算吃多了，也不用担心。而且蔬菜还含有丰富的膳食纤维。茼蒿、白菜、卷心菜、菌菇类等富含膳食纤维的食材，不充分咀嚼，很难咽下去。而充分咀嚼又有助于获得饱腹感。

膳食纤维含量丰富的食材还不易消化，餐后可以维持较久的饱腹感。

除此之外，多吃蔬菜还能摄取丰富的维生素和矿物质。维生素和矿物质可以促进碳水化合物的消化和脂肪的燃烧，快速将吃下去的食物转化为能量消耗掉。吃下去的热量都被消耗掉了，身体自然就不会再发胖。

吃多了也不会胖的火锅

第1名　猪肉泡菜锅

大蒜、韭菜中的大蒜素有助于猪肉中的维生素B_1发挥更大的功效，可谓绝配！

1人份
1725 kJ

泡菜中的辣椒素可以燃烧脂肪！

第2名　什锦火锅

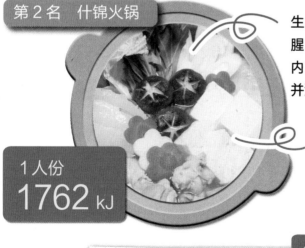

生姜既可以去除鱼腥味，也可以将体内多余的脂肪也一并消除！

营养均衡！

1人份
1762 kJ

1人份
2097 kJ

◎**米棒锅也不错**
使用了大量富含膳食纤维的牛蒡、灰树花、魔芋丝！

接下来介绍几种适合减肥期间吃的火锅。

第一名是猪肉泡菜锅。

主要食材有瘦猪肉片、泡菜和韭菜。猪肉片按照每人4~5片（100~120 g）的标准放入。调味只靠泡菜，通过放入泡菜的量来调节辣度。

泡菜的辛辣成分辣椒素具有发汗作用，有助于燃烧脂肪。吃泡菜锅时大汗淋漓，说明脂肪正在燃烧。

第二名是什锦火锅。

这是我最常做的火锅。主要食材是猪肉、鳕鱼、鲅鱼等火锅常用的鱼类。蔬菜和菌菇类可按各自的喜好放入，但请尽可能丰富食材的种类，8~10种为佳。因为食材种类越多，营养就越均衡。特别是富含维生素C和膳食纤维的卷心菜和量大且热量低的豆芽。食材中加入油炸豆腐后，味道会更加浓郁，美味程度也会随之升高。除此之外，一定要放入大蒜片和生姜，不仅可以去除鱼腥味，还能调味。生姜中的辛辣成分姜酮还可以燃烧堆积在体内的脂肪。

最后，米棒锅也是一个不错的选择。

食材使用了大量富含膳食纤维的牛蒡、灰树花和魔芋丝。

满满一锅的膳食纤维，可以缓解便秘，让肚子瘪下去。但是米棒是由米饭制成的，吃多了会导致摄取的糖类过多，要减少米棒的量。

第 **4** 章

超简单的减肥饮食术

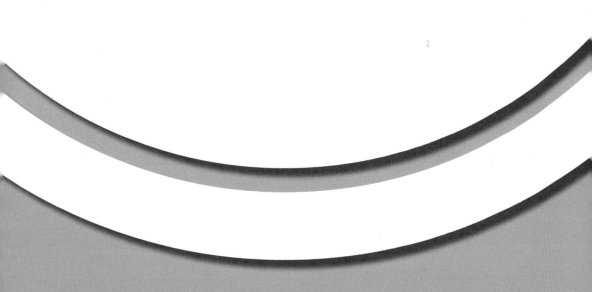

B族维生素是打造易瘦体质的天然营养成分

可以燃烧热量的天然营养成分——那就是B族维生素。如果体内缺乏B族维生素，那么就算再怎么注意饮食的量，也有可能会发胖。

发胖的原因通常有两种：一种是吃多了，身体无法将热量消耗殆尽；另一种是摄取的热量虽然在身体可消耗的范围内，但身体却无法将其完全转化为能量，最终导致热量有所剩余。

前者只需控制饮食的量即可，而后者则需要重新调整饮食结构。

造成没有吃太多却依旧发胖的原因，是体内缺乏可以将热量转化为体温或能量的营养成分。换言之，就是营养不良。

燃烧饮食中获得的热量的营养成分主要有维生素B_1、维生素B_2、烟酸、维生素B_6、维生素B_{12}、叶酸、泛酸和生物素等8种，它们被统称为B族维生素。

B族维生素是真正意义上的"瘦身营养成分"，也是健康减肥所不可或缺的营养成分。

人体 1 天所需的能量

男性
约 **10 716** kJ

女性
约 **8372** kJ

※30 ~ 40岁的情况

吃太多

改变加餐的食物

混合坚果

香蕉

选择富含B族
维生素的食物！

正常吃或吃太少

重新调整饮食

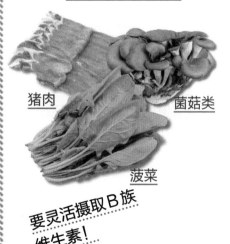

猪肉

菌菇类

菠菜

要灵活摄取B族
维生素！

每天都要吃富含B族维生素的食物

含有B族维生素的食物主要有如下这些：

·肉类、鱼类、贝类——猪肉、牛肉、鸡肉、肝脏、鳗鱼、沙丁鱼、花甲

·蔬菜——菠菜、王菜、青椒、韭菜、红辣椒、杏鲍菇

·其他——鸡蛋、海苔、坚果、黄豆、毛豆、纳豆、牛奶、红薯、糙米、胚芽米、全麦粉

其中，B族维生素含量相对比较丰富且全面的优等生是糙米、胚芽米和用小麦粉制作的全麦面包。

B族维生素还可以互帮互助，要尽量丰富一下种类，不要集中只吃某一种。

但是，B族维生素无法储存在体内。摄取量一旦超过身体所需，就会化作尿液被排出体外。

每天都食用充足的富含B族维生素的食物——这是不发胖的秘诀之一。

富含 B 族维生素的食物

1 人份	维生素 B$_1$	维生素 B$_2$	烟酸	维生素 B$_6$	维生素 B$_{12}$	叶酸	泛酸	生物素
猪肉（100 g）	◎	◎	◎	◎			◎	◎
牛肉（100 g）	◎	◎	◎	◎	△		◎	
鸡肉（100 g）	◎	◎	◎	◎			◎	◎
肝脏（50 g）	◎	◎	◎	◎			◎	◎
鳗鱼（100 g）	◎	◎	◎		△		◎	◎
沙丁鱼（80 g）		◎	◎	◎	◎		◎	◎
菠菜（80 g）	◎	◎		△		◎		○
王菜（80 g）	◎	◎				◎	◎	◎
灰树花（50 g）	△	◎	○	◎		△		◎

※ 每种食物都是按照 1 人份的量来计算的。◎代表特别丰富，○代表丰富，△代表比较多。

主食推荐

糙米　　　　　　　　　　　全麦面包

除了 B 族维生素，膳食纤维也非常丰富！

20分钟的用餐时间，是胖与不胖的分界线

吃完整的鱼类或贝类——这也是吃不胖的秘诀之一。

相比直接吃处理好的鱼块，用筷子将鱼的头部、尾部和背骨去掉后再吃的确要花更多的时间。同样，吃带壳的贝类时，将肉从壳里取出来也很麻烦。

但用餐时多花一点时间，即便吃的量少，也可以获得饱腹感。

食物被消化、吸收后，血液中的葡萄糖就会增加，进而刺激大脑的饱腹中枢。当饱腹中枢受到刺激时，就会开始抑制食欲。从开始用餐算起，这整个流程至少需要20分钟。

也就是说，开始用餐后的20分钟内，人体不会有饱腹感——吃饭速度快只会助长不必要的食欲。

用餐时间不超过20分钟，就可称之为"吃得快"。吃得快容易吃得多，吃得多又会导致热量过剩。这就形成了发胖的连锁反应。

想要摆脱这样的不良连锁反应，方法很简单，慢慢吃即可，也就是说要花时间慢慢品尝食物。这种饮食方法适用于包括鱼类在内的所有菜肴，赶紧试一试吧！

慢慢品尝"完整的食物"

饱腹原理

满足！

食物被消化、吸收后，葡萄糖会涌向大脑。

大脑

葡萄糖刺激饱腹中枢！

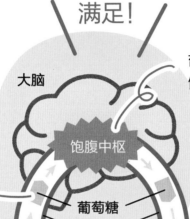

饱腹中枢

葡萄糖

血管

这个过程需要 **20** 分钟！

慢慢品尝食物是不发胖的秘诀

推荐美食

蛤蜊汤

推荐"完整的食物"，整吃鱼类、贝类。

秋刀鱼

04 使用香辛料，充分燃烧脂肪

饮食中，有一种很好的燃烧脂肪的方法，那就是通过香辛料中的辛辣成分提高基础体温，促进代谢。辣椒和生姜是其中的佼佼者。

辣椒中的辛辣成分是辣椒素，可以分解囤积在体内的脂肪。

吃辣的菜肴时，身体会发热出汗。身体发热就证明吃进去的热量正在以提高体温的形式散发出去。

但有一点需要注意，就是辣椒素同时还具有增进食欲的功效。我也曾无数次一边喊着辣，一边吃到筷子停不下来。辣椒素对胃黏膜的刺激很强烈，吃的时候要先去除辛辣成分过于强烈的籽，并且注意不要一次性吃太多。

生姜的辛辣成分是姜酮。姜酮可以温暖身体，促进能量代谢，燃烧脂肪。身体温暖了，不仅有利于减肥，还可以提高免疫力，预防疾病。"感冒了就吃生姜"这种民间疗法也是有一定科学依据的。

燃烧脂肪的最强搭配

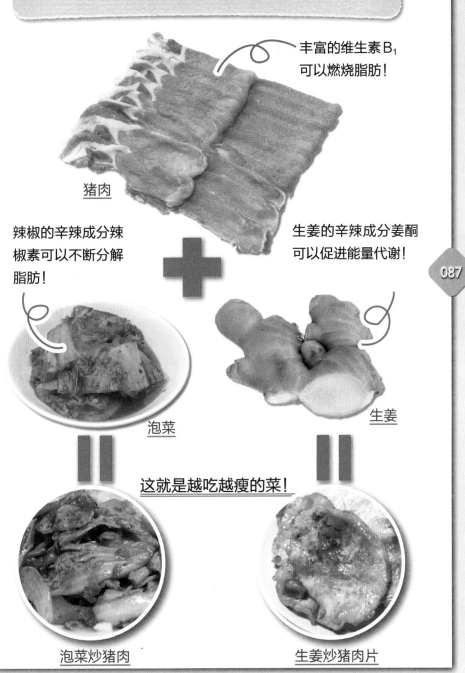

丰富的维生素 B_1
可以燃烧脂肪！

猪肉

辣椒的辛辣成分辣
椒素可以不断分解
脂肪！

生姜的辛辣成分姜酮
可以促进能量代谢！

泡菜

生姜

这就是越吃越瘦的菜！

泡菜炒猪肉

生姜炒猪肉片

晚餐先吃牛蒡，不容易发胖

吃再多也不容易发胖——牛蒡可以帮你实现这个愿望！一周只需要在晚餐的时候吃1~2次牛蒡，就不容易发胖。

因为牛蒡中含有丰富的膳食纤维，而且牛蒡的膳食纤维比较硬，必须充分咀嚼。因此，只需要在餐桌上加一道牛蒡，咀嚼的次数就会急剧增加，让你不吃太多也能得到满足。

那么，为什么是晚餐呢？

晚餐是睡前吃的最后一餐。因为是睡前，所以饭后不会有像白天那样的活动量。但同时，晚餐又是一天中最容易吃多的一餐。因此，在晚餐的菜单中加入牛蒡，可以增加咀嚼的次数，防止饮食过量。

把牛蒡做成胡萝卜丝炒牛蒡丝、筑前煮①、牛蒡沙拉或放在小火锅里，可以一次性吃很多。

另外，牛蒡放在第一道菜吃也是关键。从一开始就增加咀嚼的次数，可以抑制不必要的食欲。

---

①一道日式家常菜。主要原料是鸡肉，主要配料有蒟蒻、牛蒡、芋头等，通过慢火炖煮的方法制作而成。

牛蒡的惊人功效

越咀嚼越瘦？！牛蒡的惊人功效

含有丰富的膳食纤维，
每一口要咀嚼约56次！

※ 同样富含膳食纤维的羊栖菜要咀嚼约33次。

推荐
美食

◎ 牛蒡减肥的关键
· 放在第一道菜吃
· 晚餐时吃

筑前煮

胡萝卜丝炒牛蒡丝

前一天吃多了，就用咖啡厅的简餐来抵消

前一天吃多了——每当这时，你是不是都会不吃早餐或午餐呢？

减肥中的女性经常这么做，但这只会加强你的空腹感，最终导致暴饮暴食。注意，以后不要再这么做了。

前一天如果吃多了，最好的补救方法是吃咖啡厅的简餐。最好是星巴克、塔利这样的连锁咖啡店，而不是私人经营的。

点菜时，最佳选择是三明治和无糖饮料的套餐。如果前一天晚上吃了很多炸鸡块这样的油炸食品，身体里就会充斥着脂肪。想要补救，第二天的饮食就必须控制脂肪和热量。

因此，点菜时不可以选择脂肪多、热量高的猪排三明治、蛋黄酱风味的鸡蛋沙拉等。一份夹着蔬菜、火腿、奶酪、鸡肉或虾的三明治则正合适。

另外，饮料要选择中杯（约350 ml）的低糖饮品，这也很重要。因为这样肚子就可以被水分填饱。

吃多了该怎么办

Q 前一天吃多了?

A 那就在咖啡厅吃简餐!

使用大量的蔬菜,
低脂、低热量。

咖啡厅午餐的
平均热量
约 **2300~2500** kJ

三明治

Q 咖啡要选择冰的还是热的呢?

A 想都不用想,肯定是冰咖啡!

冰咖啡

冰咖啡的热量比热咖啡少
125 ~ 170 kJ。

想瘦就不要喝罐装咖啡

不买罐装咖啡——仅仅做到这一点，就可以慢慢变瘦。

喝咖啡时，建议喝便利店里的自助式咖啡，而非罐装的。

因为自助式咖啡添加的白砂糖和奶油球的量一目了然。可以自己控制热量，自己决定是喝黑咖啡还是加点糖或奶。

如果是喝黑咖啡，不管是喝便利店里的自助式咖啡，还是直接买罐装的黑咖啡，热量都相差无几。

但如果要加糖或奶，或者直接喝拿铁咖啡，那便利店咖啡机里的咖啡和罐装咖啡的热量就大有不同了。

即便热量看上去差不多，罐装拿铁咖啡里的糖会多得多。多余的糖分会转化为脂肪堆积在体内，导致发胖。

也有微糖的罐装咖啡。虽然热量几乎不变，但因为使用了人工甜味剂，有人会不喜欢它的味道。

一天要喝好几罐咖啡的人，只要将其换成无糖黑咖啡，就可以少摄取很多热量。

不同咖啡的热量差别很大

黑咖啡

0 kJ

只加白砂糖

54 kJ

白砂糖＋奶油球

105 kJ

COFFEE

如果是便利店的自助式咖啡，白砂糖和奶油球的量就会一目了然！
▼
可以自己控制热量！

不可以

罐装咖啡通常会添加很多白砂糖，热量很高。

令人欲罢不能的薯片，要怎么吃才不会胖

一吃薯片就停不下来——这是发胖的预兆，也是通过食物释放压力的典型案例。

为什么薯片会让人欲罢不能呢？

原因就在于薯片中的油脂。同甜味、鲜味（鸡精的味道）一样，人会本能地觉得油脂很美味。这是因为人体需要脂肪（油脂）来维持生命。而且薯片的油脂中还融入了鲜味成分，更是让人沉迷其中，欲罢不能。

如果不想发胖，从一开始就不应该碰薯片。但对于喜欢的人而言，忍着不吃反而会在无形中增加压力。

"与其不堪重压，最终食欲暴增，还不如适量吃一点。"这是我一贯以来的主张。简言之，就是在能控制自己食欲的范围内适量地吃。平时注意不要给自己太多压力，以防在重压之下暴饮暴食，这才是重中之重。

薯片让人欲罢不能的原因

薯片为什么会让人欲罢不能呢?

油脂和鲜味令人沉迷其中。

看到袋子空了，心里才会舒坦！不吃光不舒服。

薯片

1袋60 g的热量
1390 kJ

如何消除不必要的食欲

1. 闲着无聊就想吃 →找喜欢的事情，让自己忙起来
2. 双手一得空就忍不住想吃 →做些会使用双手的事情

读书

写博客

把软饮料看成"白砂糖点滴"

软饮料即便控制了甜度，也含有很多糖分——谨记这一点，你就不会发胖。

为什么这么说呢？因为当你了解使用了多少糖之后，选择饮料时，你的眼光就会变得非常挑剔。

需要警惕的软饮料有可乐、纯果汁以外的饮料，以及果汁含量非100%的甜味饮料，其中也包括碳酸饮料和有甜味的运动饮料。

这些饮料的糖分多到超乎你的想象。哪怕成分表上没有白砂糖，也必定加入了"果糖葡萄糖液糖"这种糖浆。

我试着将几种具有代表性的软饮料的糖含量换算成咖啡糖条，结果如下两页的图所示。

对于它们所含的糖分之多，你是否感到非常惊讶呢？

不停地喝含有这么多糖分的软饮料，胖也是理所当然的。

另外，有一项调查发现，软饮料喝得多的人，油脂和甜点也吃得多。各项研究都表明，一天之内喝250 ml饮料的次数是否超过一次，是会不会发胖的分界线。也就是说，可以喝，但最多只能两天喝一次。

喝太多软饮料会发胖

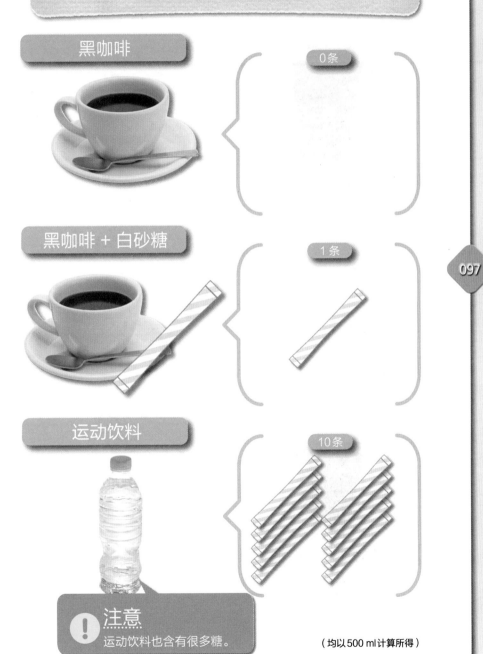

黑咖啡 — 0 条

黑咖啡 + 白砂糖 — 1 条

运动饮料 — 10 条

⚠ **注意**
运动饮料也含有很多糖。

（均以 500 ml 计算所得）

【数据出处】
Yamada M, et al. Soft drink intake is associated with diet quality even among young Japanese women with low soft drink intake. J Am Diet Assoc 2008; 108: 1997-2004.

第 **5** 章

养成良好的饮食习惯，
消除不必要的食欲

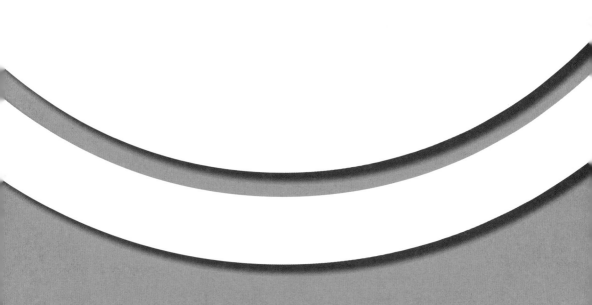

01

可以防止压力型肥胖的三种维生素

"压力型肥胖"是真实存在的。

压力大的时候，体内会分泌大量增进食欲的激素，让人控制不住自己的食欲，从而想要吃东西，最终导致肥胖。

那么，我们就没有办法对抗这种由压力引起的食欲了吗？

事实上，只要通过食物制造"抗压激素"，就可以防止压力型肥胖。为此，必须摄取以下三种维生素。

第一种是制造抗压激素的材料——泛酸。它是B族维生素中的一种，感觉压力大的时候，请优先食用沙丁鱼、纳豆、红薯等泛酸含量高的食物。

第二种是促进抗压激素分泌的维生素C。请多食用柑橘类、草莓、猕猴桃等水果。水果罐头中的维生素C已经遭到破坏，尽量不要吃。

第三种是可以修复肾上腺的维生素E。肾上腺负责制造抗压激素。鳗鱼、鳕鱼子、巴旦木、南瓜、王菜、牛油果、葵花籽油等含有丰富的维生素E。

泛酸 + 维生素 C + 维生素 E，强强联手

抗压激素的材料

泛酸含量丰富

最重要

沙丁鱼

牛里脊

纳豆

红薯

促进抗压激素
的分泌

辅助制造抗压
激素的肾上腺

维生素 C 含量丰富

维生素 E 含量丰富

狝猴桃

南瓜

巴旦木

草莓

西蓝花

牛油果

101

02 吃这些食物，不仅可以变瘦，还能修复肌肤与头发

只吃魔芋、菌菇类、海藻类的食物——这样的减肥注定会失败。

虽然每一种都是有益于身体健康的食物，但光吃这些的话，减肥是无法成功的。这是为什么呢?

因为这三种食物有个共同点，那就是几乎没有热量。在饮食方面，我们不可以被热量牵着鼻子走。这种吃法会让人很快吃腻，进而给自己增加压力。

"不情不愿地吃"或是"勉强自己吃"是减肥的大忌。

这些食物的优点在于含有丰富的膳食纤维。那么只要满足这个条件，就可以将它们换成其他食物。这样一来，还能获取别的营养成分。

比较推荐的食物是富含β-胡萝卜素的王菜、西蓝花和南瓜。这些黄绿色蔬菜都是能让肌肤和头发重焕光彩的美容食品。

纳豆的拉丝中含有纳豆激酶。这种酶可以增加分解脂肪的维生素B_2。

主食可以选用法棍、荞麦面、糙米、含有糙米的米饭、杂粮饭等。主食是每天都要吃的东西，可以高效地获取膳食纤维。

多吃富含膳食纤维的食物

可溶于水的可溶性膳食纤维含量较丰富	不可溶于水的不可溶性膳食纤维含量较丰富

魔芋　　　　海藻类

菌菇类

抑制糖分和脂类的吸收！

增加咀嚼次数，维持饱腹感！

总是吃这些容易腻。

换成两种膳食纤维含量都很丰富的食物！

推荐!

西蓝花

纳豆

南瓜

王菜

含 β-胡萝卜素，美肤效果卓越！

含纳豆激酶，燃烧脂肪！

改变进食顺序，就能增强饱腹感

你思考过自己一直以来的吃饭顺序吗？

以前不在意的人，现在请立马转变一下思维方式。如果你总是按照自己喜欢的顺序吃自己喜欢的食物，那么无论你有多注意饮食内容，也只能达到一半的效果。

先喝茶（不要喝浓茶），再喝汤（味噌汤或其他汤）。这才是吃不胖的方法。

茶的饮用标准为半杯至1杯。喝汤的时候，重点是吃里面的食材，将固体食物送入胃里。这样就能缓解一下空腹感。

接下来，吃蔬菜。吃的时候要充分咀嚼。蔬菜是低热量、低脂肪的食物，要多吃一点。

再然后，才轮到优质蛋白质的来源——肉类和鱼类。蛋白质具有提高基础体温，将吃进去的东西转化为能量的作用。

最后吃米饭、面条等主食。选择糙米、胚芽米、杂粮饭等口感比较硬的主食，即便吃得少，也可以获得十足的饱腹感。

"先喝再吃"，只要换成这个顺序，就可以抑制不必要的食欲。

这样吃才能不发胖

③蔬菜　　　　④肉或鱼　　　　①茶

⑤米饭　　　　　②汤

※数字是吃饭的顺序

吃不胖的秘诀

☑ **先喝茶和汤，摄取水分**

一开始就摄取水分，可以增加饱腹感。
有助于抑制胃分泌增进食欲的激素。

☐ **充分咀嚼蔬菜，获得满足感**

咀嚼的次数越多，就越容易获得满足感。
蔬菜低热量、低脂，可以多吃点。

☐ **通过菜肴摄取充足的蛋白质**

蛋白质可以在餐后提高基础体温，
将吃进去的东西转化为能量。

为什么爱喝水的人普遍比较瘦

"水喝多了会胖。"——这完全是谣传。

因为人体会将体内的水分含量维持在一定的数值上。超过了这个量，就会以尿液的形式排出去。

人体这种将体内的水分含量维持在一定数值上的功能叫稳态（恒常性）。人的体温维持在36℃左右也是因为稳态的作用。因此，人体不可能因为喝多了水而发胖。

喝水后，水会暂时停留在体内，你会感觉体重似乎上涨了，但它不可能在体内定居。

另外，即便体内的水分含量稍微发生一些变化，也不会影响到体脂肪的增减。而脂肪量不增加，人就不会变胖；脂肪量不减少，人也就不会瘦。

相反，多喝点水、茶等热量低的饮料，反而更利于减肥。

因为水分囤积在腹部后，胃就会膨胀，留给食物的空间自然就会减少。这样一来，稍微吃一点就会获得饱腹感，摄取的热量也会减少。

1 天的饮水量

1 天的水分摄取标准

1	起床后
2	早餐时
3	午餐时
4	工作时或做完家务后
5	晚餐时
6	洗完澡后
7	睡前 2 小时

1 次 1 杯（200 ml）
包括三餐在内，1 天 7~8 次

胃会膨胀，稍微吃一点就会满足！

蔬菜优先——餐前蔬菜汁的神奇效果

你听说过"蔬菜优先"这个饮食原则吗？

用餐时先吃蔬菜，有利于减肥。这个词就是这么来的，并被推广出去。

然而，要保证每一餐都有充足的蔬菜，却意外地困难。因此，建议在餐前喝一点市面上卖的蔬菜汁。

根据可果美（KAGOME）株式会社的调查，已有研究证明，餐前30分钟喝蔬菜汁和开始用餐时喝蔬菜汤一样，都可以让餐后的饱腹感维持很长一段时间。

购买蔬菜汁时，一定要选择浓度为100%的纯蔬菜汁。一天的蔬菜摄取目标量为350 mg，有些蔬菜汁甚至宣称自己含有同等量的营养成分。

但是，喝蔬菜汁并不等同于吃蔬菜。归根结底，它不过是弥补平日里蔬菜摄取不足的辅助手段。在外用餐时，蔬菜的量往往会不够。此时，蔬菜汁发挥用武之地的机会就来了。它不仅可以均衡营养，还能提高减肥效果。

仅靠市面上卖的蔬菜汁就能轻轻松松地实现"蔬菜优先"原则。

餐前喝点蔬菜汁

①喝蔬菜汁

②用餐

也可以用蔬菜汁实现
"蔬菜优先"！

试着在餐前喝蔬菜汁后……

血糖值的最大变化量

血糖值上升缓慢，
饱腹感可以维持很久！

餐前30分钟喝
效果最佳！

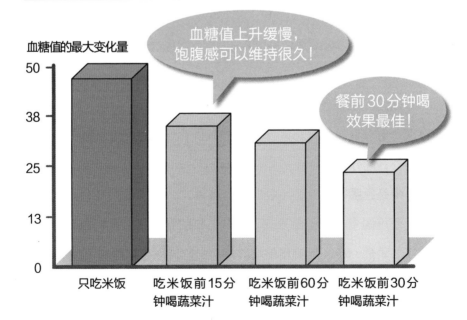

50			
38			
25			
13			
0			
只吃米饭	吃米饭前15分钟喝蔬菜汁	吃米饭前60分钟喝蔬菜汁	吃米饭前30分钟喝蔬菜汁

调查/可果美（KAGOME）株式会社

通过颜色来识别蔬菜汁的功效

蔬菜汁的颜色是由丰富的维生素、矿物质决定的，其作用大致可分为以下三种。

◎**橙色系**

使用的食材以胡萝卜为主，含有丰富的β-胡萝卜素。β-胡萝卜素会在体内合成维生素A，具有美肤功效。它可以促进皮肤的新陈代谢，预防肌肤老化。想让肌肤一直保持良好的状态，除了日常的护理之外，适量摄取β-胡萝卜素也很重要。

◎**绿色系**

以绿叶蔬菜为主，其中含有丰富的植物成分叶绿素。叶绿素有调理肠道、缓解便秘的作用。对小肚子凸起的人尤为有效。除此之外，叶绿素还有降低胆固醇值的功效，有助于健康地减肥。

◎**红色系**

使用的食材以番茄为主，含有丰富的番茄红素。番茄红素是胡萝卜素的一种，最突出的功效是抗衰老。它可以保护肌肤免受紫外线的伤害，阻止皮肤和身体的衰老。此外，它还具有很强的抗氧化作用，可以预防癌症，抑制癌细胞的生长。

颜色丰富，功效多多

橙色系

美肤

主角是它

胡萝卜

胡萝卜的营养成分 β-胡萝卜素
具有卓越的美肤功效！

绿色系

调理肠道

主角是它

菠菜

绿色的色素成分叶绿素
调理肠道、缓解便秘的功效一绝！

红色系

抗衰老

主角是它

番茄

番茄的营养成分番茄红素
具有卓越的抗衰老功效！

吃饭时喝1杯橙汁，防止饮食过量

总是会在不知不觉间就吃多的人，建议喝浓度为100%的橙汁。

橙汁中含有丰富的维生素C和水分，它们会合力阻止我们吃太多。

浓缩还原的橙汁也可以。

这么一说，你可能还不懂什么是"浓缩还原"。

浓缩还原是一种常用的果汁制造方法。先将作为原料的蔬菜或水果榨成汁，然后对其进行浓缩加工，去除其中的水分。最后再将水分加回来，使其恢复到原来的浓度。这就是"浓缩还原"。

浓缩加工会选在蔬菜或水果的营养成分最为丰富的时期进行，所以浓缩还原果汁的营养成分和直接榨取的鲜榨果汁几乎相同。尤其是橙汁，浓缩还原橙汁的热量和鲜榨橙汁一样，但泛酸和维生素C的含量却是鲜榨橙汁的两倍。

这些营养成分会促进抗压激素的分泌，平缓焦虑的情绪，进而防止暴饮暴食。

你可以在刚开始用餐的时候喝，也可以一边吃一边喝，效果一样。

通过维生素 C 变瘦、变年轻

维生素 C 的功效

1. 促进抗压激素的分泌。

2. 打造有弹性的肌肤。

3. 抑制黑色素的生成，预防色斑。

4. 提高免疫力。

5. 延缓身体衰老。

1 杯（200 mg）

含维生素 C **84** mg

◎浓缩还原橙汁

先将作为原料的蔬菜或水果榨成汁，然后对其进行浓缩加工，去除其中的水分，最后再将水分加回来，使其恢复到原来的浓度，这就是"浓缩还原"。浓缩还原橙汁中的维生素C和泛酸含量非常丰富，是鲜榨橙汁的两倍。

睡前喝1杯热牛奶，助眠又瘦身

　　熟睡有利于减肥。这是因为在睡眠期间，人体会分泌分解脂肪的"生长激素"。

　　经常有人会搞错，以为生长激素只在生长期分泌。实则不然，只是过了长身体的阶段，分泌的量会减少而已。而且，睡得越熟，分泌得越多。

　　想要熟睡，1杯热牛奶即可。牛奶中富含熟睡所必需的成分——色氨酸。色氨酸是氨基酸的一种，会转化为具有缓解压力功效的激素——血清素。而血清素又会进一步转化为促进自然睡眠的激素——褪黑素。但是，血清素会被白天积攒的压力消耗掉，所以人需要大量的色氨酸才能进入熟睡状态。

　　促进睡眠的关键步骤是加热牛奶。因为喝了温热的饮料之后，身体会变暖，全身上下多余的力气都会消失，自律神经也会放松下来。所以，钻进被窝后，能快速进入深度睡眠。

　　熟睡还有助于缓解压力，真可谓一石二鸟。

睡前来杯热牛奶

自律神经的活跃度

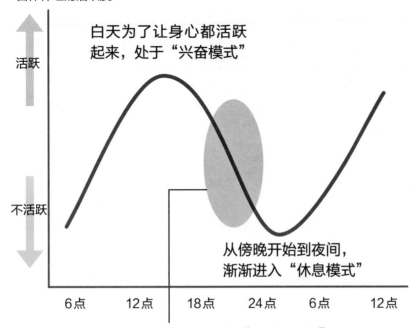

活跃

白天为了让身心都活跃
起来，处于"兴奋模式"

不活跃

从傍晚开始到夜间，
渐渐进入"休息模式"

6点　　12点　　18点　　24点　　6点　　12点

通过热牛奶，进入"休息模式"

让身体由内而外地暖和
起来，进入"休息模式"。

富含安眠成分色氨酸

氨基酸的一种。是打造
身体、1天的活动所不
可或缺的营养成分。也
是形成血清素、褪黑素
的材料。

材料

血清素增加。

缓解
压力

材料

褪黑素增加。

促进
睡眠

热牛奶

睡前2小时内喝咖啡或茶，会导致肥胖

众所周知，咖啡因会妨碍睡眠，因为咖啡因具有让人清醒的提神功效。

睡眠时间短会造成抑制食欲的激素量减少，同时增进食欲的激素量增加。无论自己的意志有多坚定，都无法战胜由激素带来的食欲。

反过来说，只要睡眠充足，不必要的食欲就会消失。上一节中提到过，睡眠期间人体还会分泌可以分解脂肪的生长激素。可见好好睡觉是一件有百利而无一害的事情。因此，学会如何与妨碍睡眠的食品友好相处非常重要。

富含咖啡因的食品主要有咖啡、绿茶、可乐、功能性饮料等。

咖啡因产生的功效在强度和持续时间上，存在很大的个体差异。比如，有的人喝了功能性饮料后，会清醒到半夜。也有人喝了咖啡后，能立马睡着。

话虽如此，还是建议睡前2小时，尽可能不要喝含咖啡因的饮料。

睡得越好，瘦得越多

熟睡有利于减肥的原因

! 分泌生长激素

燃烧脂肪

促进代谢

生长激素

增加肌肉量

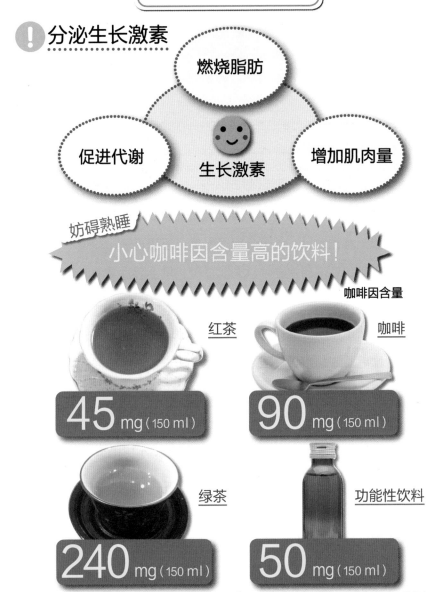

妨碍熟睡

小心咖啡因含量高的饮料！

咖啡因含量

红茶

45 mg（150 ml）

咖啡

90 mg（150 ml）

绿茶

240 mg（150 ml）

功能性饮料

50 mg（150 ml）

【出处】日本食品标准成分表2015年版（第7次修订）

10 不要以酒助眠

睡前喝1杯——习惯睡前喝酒的人往往比较胖。

喝到微醺后，意识就会渐渐模糊，开始犯困。有些人会利用酒的这个作用，睡前喝点酒以此助眠。

但是，酒带来的睡眠质量变差，反而会引起发胖。

就着醉意睡着后，早上会醒得很早，还想再睡，却睡不着。而且睡眠浅，动不动就会醒过来。最后，早上醒过来的时候会感觉很糟糕。

睡眠除了可以缓解身心疲劳外，还有助于缓解压力、抑制人体分泌增进食欲的激素。但是，如果无法进入深度睡眠，就无法获得这些睡眠效果。

依赖酒精的睡眠，有百害而无一利。

哥伦比亚大学的研究发现，睡眠时间为5小时的人，肥胖率要比7~9小时的人高50%。而睡眠时间不足4小时的人，则要高73%。

反过来说，只要保证充足的睡眠，人体就会分泌抑制食欲的激素，让你不再为不必要的食欲所困。

睡前喝酒导致发胖的原理

Q 睡不着的时候，怎么办？

睡不着的时候，30%的日本人会依赖酒精！

【出处】SLE-EP（SLEep EPidemiological）Survey

请改掉这个习惯！

睡前喝酒

这就是发胖的原因！

产生不必要的食欲

睡眠质量变差

第 二 部 分

越吃越年轻

第 *6* 章

改变饮食方法，让身体和肌肤重新散发活力

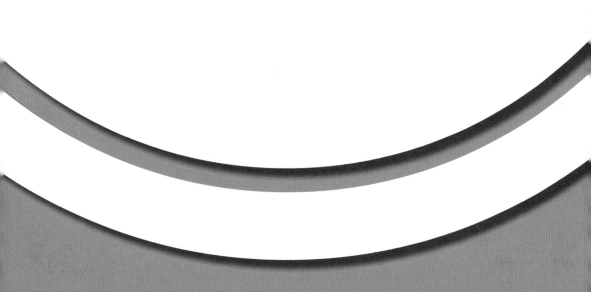

每天吃纳豆，让你看起来年轻10岁

想要永葆青春，那就每天都吃纳豆吧！只要这样，你的外貌年龄就可以年轻10岁。

纳豆中含有丰富的多胺，不仅可以让你看上去更年轻，也有利于长寿。

除了纳豆，很多食物都含有多胺。但能让人类血液中的多胺浓度变高的，只有纳豆。

另外，纳豆中还含有丰富的维生素B$_2$，有助于促进脂肪的燃烧。除了纳豆之外，动物肝脏、鳗鱼、牛奶和酸奶中也含有丰富的维生素B$_2$。但是，这些食物中同时还含有脂肪和胆固醇，所以食用时必须控制量。纳豆是植物性食品，食用时完全不用顾虑脂肪和胆固醇。

食用纳豆的最佳时间是晚餐。

晚餐时摄取大量的维生素B$_2$后，它就可以把当天饮食中摄取的所有脂肪都分解掉。也就是说，可以让人重新获得易瘦体质。

先试着连续食用8周。到时你就可以切实地感受到惊人的"减龄效果"了。

喜欢吃纳豆的人更显年轻

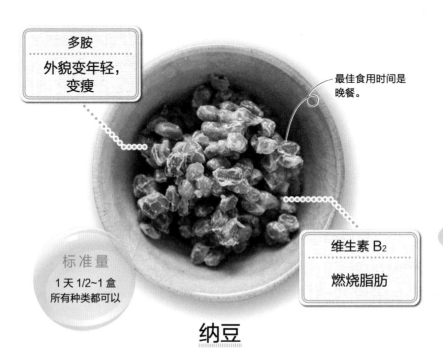

多胺

外貌变年轻，变瘦

最佳食用时间是晚餐。

维生素 B$_2$

燃烧脂肪

标准量

1 天 1/2~1 盒
所有种类都可以

纳豆

推荐这么吃！

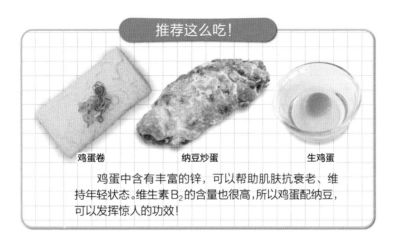

鸡蛋卷　　　　　纳豆炒蛋　　　　　生鸡蛋

鸡蛋中含有丰富的锌，可以帮助肌肤抗衰老、维持年轻状态。维生素 B$_2$ 的含量也很高，所以鸡蛋配纳豆，可以发挥惊人的功效！

牛里脊让肌肤年轻有弹性

吃牛肉可以让人变年轻——这是真的。

只需要多吃牛肉，你的肌肤就会尽显年轻与弹性。"年轻"和"衰老"的差别取决于40岁之后有没有食用足够的牛肉。

牛肉是一种非常好的食材。那么，牛肉中的什么成分有如此强大的"减龄"功效呢？

答案就是动物蛋白中含量丰富的氨基酸。年轻有弹性的肌肤，是由氨基酸一手打造的。那其他肉就不行吗？为什么要推荐牛肉呢？因为牛肉中还含有很多我们容易缺乏的铁和锌。缺乏铁和锌，人体就无法合成保持肌肤年轻必需的滋润成分。

值得一提的是，牛肉中的铁多为吸收率很高的血红素铁。

当然，牛肉中还含有脂肪，脂肪可以让肌肤拥有光泽。很多人讨厌脂肪，但它却是保持年轻所必需的一种重要营养成分。脂肪中的胆固醇具有为肌肤保湿锁水的功效。

多多食用牛里脊

氨基酸

让肌肤年轻有弹性

铁、锌

制造滋润成分

标准量

1周2次
1次 150~200 g

牛里脊

推荐这么吃!

- 调味越简单越好! 推荐用盐或酱油调味。烤肉酱会带来多余的热量,不推荐使用。
- 吃的时候将肥肉留着,不仅可以防止摄取过多的脂肪,还能让肉的味道更加鲜美(如果烤之前就去掉,就会失去鲜味)。

◆ 这样选择牛肉，才能让身体越来越年轻

牛肉的食用标准为每次150~200 g，一周两次。

但是，只可以选用里脊肉。因为只有食用里脊肉，才可以在补充人体所需的氨基酸、铁、锌的同时，不至于摄取过多的脂肪和胆固醇。

在烤肉店用餐的时候，请不要点牛排骨，一定要点里脊肉（160~200 g）。烤肉的蘸料会带来多余的热量，吃的时候，建议简单地蘸盐吃。

除此之外，我还要推荐涮肉。可以放在火锅里涮，也可以做成沙拉。火锅的蘸料要选择调味简单的，比如海鲜酱油、柚子醋等。沙拉则要选择低热量的沙拉酱。

选择牛肉时，只要选择价格便宜的牛肉就可以。因为"和牛"以及标有"上等""特选"等字样的高端牛肉中，脂肪和胆固醇的含量太高。

部位的话，可以选择肩部和肋骨处的肉。可以是用于烤肉的肉片，也可以是用来涮锅的薄肉片。用于牛排的肉多为下腰肉，一定要事先确认。

建议在晚餐的时候食用。按理来说，晚上应该吃得清淡一点，但难得吃一次，就不要顾虑太多了。一周的食用量只要控制在400 g以内就没有问题。

牛肉的"减龄功效"与年龄无关，无论你多少岁，只要坚持吃，就会持续生效。从今天开始，多吃点牛肉吧！

加强"减龄功效"的牛肉菜单

蘸料建议：
• 柚子醋

涮锅

如何选择牛肉　选择价格便宜的普通牛肉！

酱汁建议：
• 法式沙拉酱
• 意式沙拉酱
• 凯撒沙拉酱

冷涮肉沙拉

鸡蛋拥有"减龄"所需要的所有营养成分

想要看上去比实际年龄年轻，那就每天吃1个鸡蛋吧！逐渐衰老的肌肤会重返年轻时的状态。

过了30岁，肌肤就会出现各种问题，比如干燥、皱纹、松弛等。除此之外，基础代谢和新陈代谢也会减慢，和20多岁的时候相比，变得更容易发胖。

为什么鸡蛋可以延缓肌肤衰老、让身体重回年轻呢？原因主要有两个。

一个是因为鸡蛋中含有丰富的优质蛋白质、吸收率高的血红素铁以及锌。这些都是体内合成令肌肤水润有弹性的成分时不可或缺的营养成分。鸡蛋中的胆固醇含量虽然也很高，但在为肌肤保湿锁水方面，胆固醇发挥了重要作用。

另一个原因是鸡蛋中含有很多B族维生素。B族维生素可以加快新陈代谢，提升减肥瘦身的效率。

实际上，在所有食材中，拥有"减龄"所需要的所有营养成分的食材只有鸡蛋这一种。

鸡蛋的最佳食用量是一周6个左右，并且建议晚餐的时候吃。

鸡蛋是一种完美食材

蛋白质、血红素铁、锌

让肌肤水润有弹性

B 族维生素

加快新陈代谢，
助力减肥

标准量

1 周 6 个左右
1 天 1 个

鸡蛋

哪种吃法更"减龄"？

鸡蛋卷

推荐

煎鸡蛋

不可以

蛋包饭

越简单越好！蛋包饭里
有番茄酱和米饭，会产
生过多热量。

意大利面怎么吃，才不容易发胖

也许是受控糖减肥的影响，很多人都不吃主食，而且认为吃意大利面容易发胖。

先说结论，意大利面是不容易发胖的食物。因为意大利面中含有丰富的膳食纤维。

膳食纤维分不可溶性膳食纤维和可溶性膳食纤维。意大利面中可溶性膳食纤维和不可溶性膳食纤维的含量都很高。

不可溶性膳食纤维可以改善肠道功能，促进排便，使凸起的小肚子瘪下去。除此之外，不可溶性膳食纤维还可以增加肠道内的益生菌，改善肠道环境。肠道环境得到改善之后，有利于减肥的维生素就容易在肠道中合成。可溶性膳食纤维有助于将多余的胆固醇排出体外。不仅可以预防动脉硬化，还能减缓血糖值的上升速度。因此还可以有效预防糖尿病。

想要让意大利面发挥更大的"减龄功效"，可以搭配蔬菜沙拉和饮料一起食用。

饮料要选择无糖的。摄取充足的水分后，胃会膨胀起来，从而增加饱腹感。同时还可以抑制人体分泌增进食欲的激素。

意大利面是不易发胖的糖类

可溶性膳食纤维

减缓血糖值的
上升速度

不可溶性膳食纤维

让肚子瘪下去

意大利面

推荐这么吃！

抑制食欲

蔬菜沙拉

补充维生素、矿物质

无糖饮料（500 ml）
水、茶、咖啡、香
草茶

"减龄午餐"第一名——海鲜意大利面

意大利面中含有很多有助于"减龄"和"减肥"的营养成分。但是想要充分获得这两种功效，还需要注意一点，那就是意大利面酱的选择，其实这才是能否"减龄"的关键。

我最推荐的是海鲜意大利面。海鲜脂肪低，蛋白质高，有助于加速身体的代谢，让身体变瘦变年轻。制作的时候尽量丰富食材的种类，比如虾、鱿鱼、贝类等。

但是，咖啡店、便利店、餐厅的海鲜意大利面很难做到这一点。没关系，你可以选择只有虾的意大利面。

第二名是蘑菇意大利面。蘑菇热量低，且含有丰富的膳食纤维，非常适合减肥人士食用。

第三名是蛤蜊意大利面。蛤蜊可以不带壳。蛤蜊脂肪低，蛋白质高，还富含"减龄"必需的锌和铁。

午餐想吃意大利面时，就从这三种中选一个吧。

"减龄意大利面"前三名

1 海鲜意大利面

海鲜脂肪低，蛋白质高。

面里有丰富的膳食纤维，所以不会胖！

可以加速代谢，让身体变瘦变年轻！

2 蘑菇意大利面

β－葡聚糖可以提高免疫力。

蘑菇热量低，且含有丰富的膳食纤维。

含有丰富的锌和铁。

3 蛤蜊意大利面

吃吃喝喝变年轻的居酒屋菜单

在居酒屋绝对要吃的"减龄菜"——烤多线鱼。

因为多线鱼同时富含有利于减肥的维生素和有助于保持年轻的维生素。

多线鱼含有丰富的蛋白质，可以在餐后燃烧脂肪，减肥效果惊人。肝脏分解酒精时会消耗蛋白质，因此烤多线鱼非常适合聚会喝酒时食用。

除此之外，多线鱼还富含可以分解脂肪的维生素B_2，可以帮助燃烧从其他菜品中摄取的脂肪。烤多线鱼使用的是一整条鱼，吃的时候必须将肉从骨头上剔下来，这正是关键之处。吃之前如果要费一番功夫，那么用餐时间就会延长。这样一来，大脑中的饱腹中枢就会受到刺激，让你即便吃得少也能得到满足。

过了30岁之后，要有意识地增加鱼类的食用量。鱼类有减少甘油三酯、降低血压的功效。从这一点上来看，烤多线鱼也是一道非常适合在居酒屋吃的菜品。

居酒屋料理首推烤多线鱼

维生素 B₂

燃烧脂肪

富含蛋白质，有助于
分解酒精，促进代谢！

切开后烤制，
钙质更容易吸收！

烤多线鱼

维生素 D

促进骨骼重返
年轻

维生素 E

让血管变年轻，
延缓肌肤衰老

推荐这么吃！

- 鲣鱼、竹箅鱼、沙丁鱼的生鱼片拼盘，
  也含有丰富的"减龄"成分，一定要试
  一下。

生鱼片拼盘

"减龄甜点"第一名——杏仁巧克力

越吃越年轻的点心——杏仁巧克力。

杏仁中含有丰富的维生素B_2和镁。维生素B_2可以燃烧、分解糖类和脂肪。镁有助于缓解焦虑的情绪。

巧克力听上去像是发胖的代名词,但其实仅限于"吃多了的时候"。

巧克力的甜味可以给大脑带来幸福感,是一种令人安心的味道。而且巧克力还含有可可碱,可以调节、放松自律神经。

当巧克力的甜味和香味在口腔中弥漫开来时,大脑就会放松下来,从而抑制想要吃甜点的欲望。

选择巧克力的一个要点是要选择含有一整颗杏仁的巧克力。使用杏仁碎的巧克力,杏仁的减肥效果会减弱,而且还容易吃多。

另一个要点是选择价格便宜的巧克力。因为有一整颗杏仁包含在里面,所以巧克力的使用量会相应减少。这就是我推荐杏仁巧克力的原因。

杏仁巧克力竟如此厉害

维生素 B_2

分解糖类、脂肪

可可碱

放松精神

加快新陈代谢，让全身上下都变年轻！

镁

稳定情绪

标准量

1 次的食用量在
1/4~1/3 盒之间

杏仁巧克力

推荐的产品

- 推荐"明治 ALMOND Cacao 70%"！
- 热量比其他产品低大约 833 kJ。
- 含 7.9 g膳食纤维，1050 mg可可多酚。

08　用三文鱼和茼蒿制作"减龄火锅"

在这个世界上，有的人能一直保持年轻，有的人却一年比一年老。这种差距到底从何而来呢？一直保持年轻的人有一个共同点，就是抗氧化能力强，能对抗加速衰老的活性氧。

那么，他们的抗氧化能力为什么强呢？因为他们平时经常食用抗氧化能力强的食物来阻止衰老，结果自然就越活越年轻了。

在紫外线的照射下，人体会生成活性氧。活性氧是导致衰老的原因之一，也是生成皱纹和色斑的背后推手。

冬季是最利于变年轻的季节——因为冬天是一年中紫外线最少的季节，而且还可以吃到抗氧化能力强悍的"石狩锅[1]"。可以说是减少堆积在体内的活性氧的最好时机。

一句话解释石狩锅，就是用三文鱼和蔬菜做成的味噌锅。

石狩锅中含有大量能让人变年轻的营养成分，可以在享受美食的同时，温暖身体，重返年轻。

光想想，就很心动吧！

而且，石狩锅中还有很多蔬菜和菌菇，减肥效果也值得期待。

---

①日本北海道具有代表性的地方风味，该料理因盛产三文鱼的石狩川而得名。

"减龄火锅" ——石狩锅

"减龄火锅" 的三大秘诀

1 采用多种抗氧化能力强的食材。
  例 三文鱼 + 茼蒿

2 通过富含铁的食材，消除活性氧。

3 使用豆腐、蔬菜、菌菇等低热量的食材。

重点

最后加入 1 大匙黄油，可以提高"减龄成分"的吸收率!

材料（4 人份）

三文鱼 ········ 4 块（1块约80 g）
茼蒿 ········ 1 把
味噌、黄油 ········ 各 1 大匙

制作方法

将三文鱼和茼蒿放入锅中，煮沸后用味噌和黄油即可。也可以按个人喜好放入豆腐、蔬菜、菌菇。

石狩锅

◆ 三文鱼和茼蒿放足量是"减龄"的关键

放入石狩锅的食材中，三文鱼的抗氧化能力尤为突出。

秘密就在于三文鱼特有的一种叫虾青素的红色色素。

虾青素是β-胡萝卜素等类胡萝卜素的一种。类胡萝卜素本身就有出色的抗氧化能力，而虾青素更是其中的佼佼者。

选择食材时，一定要选择肉质为红色的三文鱼。因为红色越深，代表虾青素的含量就越丰富。

石狩锅的另一个主角茼蒿中，抗氧化物质β-胡萝卜素的含量也名列前茅。而且，它还含有丰富的铁，可以消除活性氧，并以此为武器，消除皱纹和淡化色斑。

放入锅中一起煮的豆腐、味噌均含有丰富的大豆皂贰，可以消除加速衰老的过氧化脂质。

蔬菜就选择自己喜欢的，比如大葱、萝卜、胡萝卜、香菇等。

蔬菜、菌菇加热后会缩水，可以吃很多。因此，吃石狩锅可以从中摄取大量"减龄"所不可或缺的维生素、矿物质、膳食纤维等。

想要提高"减龄"的功效，必须放入足量的三文鱼和茼蒿。如果要做4人份的火锅，那三文鱼必须保证4块以上（1块约80 g），茼蒿要放入1大把。再加入其他蔬菜、豆腐、菌菇以及味噌，就完成了。

三文鱼和茼蒿是最强组合

最强的抗氧化能力！

颜色越红，代表虾青素含量越高。

三文鱼

虾青素

身体变得年轻

+

β-胡萝卜素

延缓衰老

铁

消除皱纹、淡化色斑

茼蒿

β-胡萝卜素的含量名列前茅！

\ 双重功效，让你重返青春！/

用豆腐和菠菜制作"抗衰老味噌汤"

有时候会一不小心肉吃多了，或酒喝多了。这时，一定要吃"豆腐+味噌+菠菜"。

建议做成味噌汤，同时吃三种食材。因为做成配菜丰富的味噌汤后，可以防止从味噌中摄取过多的盐分。

酒精利尿，喝完酒后，身体往往会缺少水分和盐分。这时，就轮到味噌汤出场了。你可以通过它轻松地补充水分和盐分。因为水分含量很高，所以在开始用餐时喝，能消除不必要的食欲。

当然，也可以有别的搭配，比如豆腐味噌汤配凉拌菠菜，获得的功效是一样的。

豆腐可以多吃点，不用担心热量。

只有一点需要注意，那就是避免直接食用速溶味噌汤。因为速溶味噌汤中的配菜太少，盐分太多。

菠菜可以使用冷冻食品。没有菠菜时，也可以用小松菜、茼蒿来代替，功效是一样的。

弥补暴饮暴食的味噌汤

大豆皂甙
消除加速衰老的 "过氧化脂质"

β-胡萝卜素
让肌肤变年轻

豆腐　　　　味噌　　　　菠菜

同时吃 3 种食材

145

材料（2人份）

豆腐 ……… 1/3块
菠菜 ……… 1/2把
油炸豆腐块 ……… 1/2块
汤底可用速溶的！

加入油炸豆腐块，可以提高 β-胡萝卜素的吸收率！

豆腐菠菜味噌汤

10 每周吃1次猪肝，全身水润不干燥

有一种食材具有让全身上下都重返年轻的魔法——它就是猪肝。

猪肝可以增加滋润肌肤的成分，也具有卓越的减肥功效，可谓是一种"奇迹食材"。

但是，它的味道很独特，口感也略显干巴，所以很多人，尤其是女性，不喜欢吃。即便这样，也请试着接受它。因为猪肝值得你放下自己的好恶，哪怕是有点勉强也要吃。

接下来，我要推荐一道菜。它不仅可以让你越吃越年轻，还具有很好的减肥效果。它就是橄榄油炒猪肝。做法非常简单，只需将猪肝和大蒜放在一起炒一下即可。

说到猪肝，人们的第一反应都是"铁"。可见它的铁含量有多高。而且，大多还是吸收率很高的血红素铁，非常适合容易缺铁的女性食用。

铁是体内合成胶原蛋白时必不可缺的营养成分。胶原蛋白是一种滋润肌肤的成分，只要有充足的胶原蛋白，就可以防止肌肤松弛、长皱纹。缺铁还容易引起色斑，肌肤想要重返年轻，就绝对离不开铁。

另外，猪肝中还含有可以分解糖类、防止长胖的维生素B_1，以及燃烧脂肪的维生素B_2，因此减肥效果也很不错。

令全身滋润不干燥的最强组合

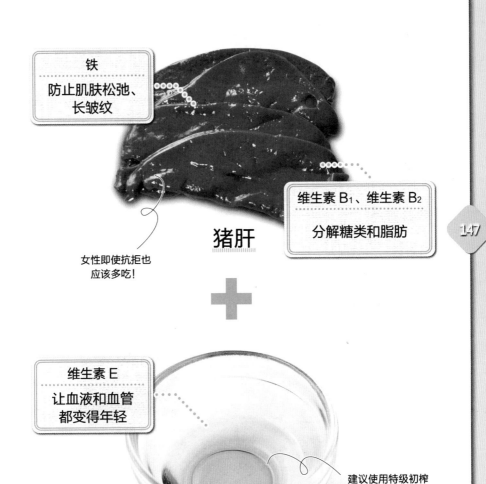

铁

防止肌肤松弛、长皱纹

女性即使抗拒也应该多吃！

维生素 B_1、维生素 B_2

分解糖类和脂肪

猪肝

147

+

维生素 E

让血液和血管都变得年轻

建议使用特级初榨橄榄油！

橄榄油

\ 滋润皮肤，越吃越年轻！ /

◆ 让猪肝变得更好吃、更有效"减龄"

橄榄油中含有丰富的维生素E。维生素E被称为"减龄维生素",可以让血液和血管变得年轻。

做橄榄油炒猪肝时,建议使用特级初榨橄榄油。因为这类橄榄油是对橄榄进行压榨后过滤所得,橄榄的营养成分和风味以最自然的状态被保留下来。

另外,大蒜的气味成分可以去除猪肝的腥味,这种气味成分还能促进猪肝中富含的维生素B_1发挥最大的功效(分解糖类,防止发胖)。

1~2周食用1次即可。就算食用的频率不高,也可以带来"减龄"的功效。

"减龄"食谱

橄榄油炒猪肝

材料(1人份)

猪肝 ……… 约80 g

大蒜 ……… 1瓣

橄榄油 ……… 1大匙

盐、黑胡椒粉 ……… 各1小匙

制作方法

① 用菜刀去除造成猪肝腥气的血块。

② 放入牛奶,浸泡5分钟左右,去除残血。然后用厨房纸巾擦干水分。
牛奶具有很强的除腥功效,还可以防止维生素流入水中。

③ 将橄榄油倒入平底锅,放入切成片的大蒜,用中火加热。

④ 等炒出香味时,放入猪肝,炒至两面都熟透,再用盐和黑胡椒粉调味。

第 **7** 章

越会吃，
身材和肌肤越好

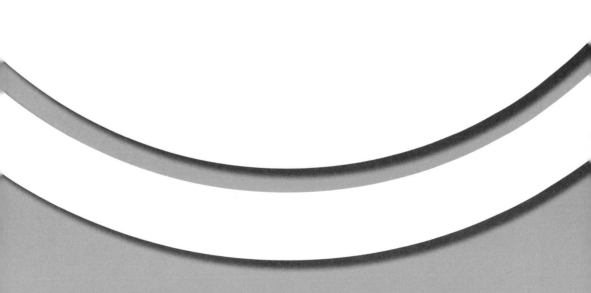

多吃菌菇，可以让肚子变小

越吃肚子越小——这么理想的食材就是菌菇。

菌菇最好做成味噌汤食用。味噌含有曲霉菌。而菌菇则是每一种都含有不同的菌类。将多种菌类放在一起食用，效果更佳。

将蟹味菇、香菇等不同种类的菌菇放入味噌汤，多喝一点。所有菌菇的热量都很低。因此吃的时候可以尽情吃，完全不用担心热量问题。

菌菇中还含有丰富的膳食纤维。大量膳食纤维进入肠道后，会立即开始清理肠道，因此菌菇还有改善便秘、促进代谢的双重功效。

"蘑菇壳聚糖"是最近备受瞩目的菌菇特有的一种成分。这种成分可以抑制脂肪的吸收，促进排出。在众多菌菇中，尤属金针菇的含量最多。

吃进去的菌类，在肠道内不出三天就会死亡，成为大便被排出体外。尽可能每天或至少三天吃1次菌菇。

通过食用美味的菌菇，轻松瘦身

富含 B 族维生素。

蘑菇壳聚糖特别多！

热量超低！
1 盒（100 g）只有
84 kJ 左右。

杏鲍菇

蟹味菇

金针菇

灰树花

滑子菇

茶树菇

香菇

白舞茸

标准量

如果可以，
每天或至少三天
吃 1 次

膳食纤维	蘑菇壳聚糖
清理肠道	抑制脂肪的吸收，将其排出体外

请使用多种菌菇，做成味噌汤！

用裙带菜汤消除腹部脂肪

想让鼓起的小肚子瘪下去——那就试试裙带菜汤吧！

裙带菜属于海藻类，不仅热量极低，怎么吃都不会胖，而且还富含燃烧脂肪的营养成分"岩藻黄质"。盐渍的裙带菜和干的裙带菜都一样。

岩藻黄质会燃烧脂肪细胞，让吃进去的食物热量以提高基础体温的方式散发出去。因此，就算腹部已经囤积了脂肪，只要食用充足的裙带菜，就可以将其消除。

另外，裙带菜还含有丰富的可溶性膳食纤维，可以减缓营养成分的吸收。血糖值的上升也会减缓，裙带菜简直是为预防糖尿病量身定制的食材。而且它还能防止血压上升，预防高血压。同时，因为可以抑制胆固醇的吸收，还能预防动脉硬化。

将裙带菜做成汤食用的原因有两个。一是可以增加食用的量；二是可以多摄取水分。

制作方法可以参考下一页。市面上卖的裙带菜汤盐分偏高。如果要用热水稀释，请倒入1.2倍于标准用量的热水，最后剩三分之一不喝即可。

鲜味十足的"减龄"裙带菜汤

可溶性膳食纤维

减缓血糖值的上升速度

岩藻黄质

燃烧脂肪

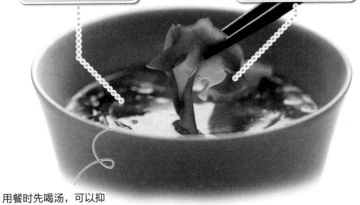

用餐时先喝汤，可以抑制不必要的食欲！

裙带菜汤

"减龄"食谱

材料（2人份）	制作方法
裙带菜（盐渍）……50 g （干裙带菜5 g） 葱白（斜切）……1/2根 生姜末……20 g 芝麻油……2大匙 水……400 ml 鸡精（颗粒状）……1大匙 黑胡椒粉……少许	①裙带菜用水泡发，切成合适的大小。 ②锅中倒入芝麻油加热，放入葱白和生姜翻炒。 ③加入裙带菜、水和鸡精，最后撒点黑胡椒粉就完成了！

吃烤牛里脊肉，成为"后背美人"

"透过背影就可以看出一个人的年龄。"——这么说一点都不为过。

包括背影在内，外表看上去年轻的人有什么共同点呢？答案竟然是经常吃肉。

其实只要用对方法，吃肉就可以让你获得年轻的肌肤和苗条的身材。

所有肉中，我比较推荐的是牛肉。价格便宜的牛里脊，才是"减龄"的秘密武器。对于无肉不欢者而言，还有一个好消息，那就是能让牛肉发挥出减龄和减肥功效的吃法是烤肉。将里脊肉快速烤熟即可。这里需要注意的是吃的时候要蘸盐吃，不要蘸酱料，以免摄取过多热量。

牛肉中富含可以促进脂肪燃烧的成分左旋肉碱，甚至还可以让血液和血管重回年轻的状态。

牛肉是一种非常优秀的高蛋白食物，而蛋白质又是制造全身细胞的重要材料。经常吃牛肉的人和不太吃牛肉的人，过了40岁之后，外表和体力上都会有不小的差距。

烤肉才是最佳选择

大口吃烤肉，美味又幸福！

左旋肉碱	B 族维生素
燃烧脂肪，让血液、血管变年轻	"减龄"必备

牛里脊

烤牛里脊肉，打造"完美后背"！

标准量
在外面吃
2 盘（1 盘 80 g）
在家里吃
150~200 g

用生姜油吃出"小蛮腰"

"年轻的时候明明腰很细，现在已经看不出线条了。"过了35岁，出现这种烦恼的人不在少数。

对此，我要推荐用生姜油制作菜肴。生姜油是一种可以化普通饮食为瘦身饮食的神奇调味料，具有惊人的燃脂功能。

生姜中的辛辣成分——姜酮，可以加速能量的代谢，燃烧囤积在体内的脂肪。

同时，另一种辛辣成分姜烯酮，还可以改善血液循环，促进新陈代谢，防止色斑和衰老，让身体变年轻。

生姜的辣味还有助于减盐，可以帮助因吃多了重口味的菜而浮肿的人消肿。

将生姜油倒入平底锅，一人份菜肴的话用2小匙左右，然后放入肉或蔬菜翻炒。无论使用什么食材，最后都会变身成为"瘦身菜"。

一天一道，坚持用生姜油炒菜，就可以让体重、内脏脂肪和体脂肪都降下来。

名副其实的减肥油——生姜油

用来炒菜，效果显著！

姜酮
燃烧脂肪

姜烯酮
防止色斑、皱纹

生姜油

生姜油的制作方法

材料（2人份）

带皮生姜末 ········ 100 g
特级初榨橄榄油 ······· 100 g

制作方法

① 用中火加热特级初榨橄榄油。

② 出现细沫后，放入生姜。

③ 用筷子搅拌着加热 1 分钟。

④ 装入瓶中，等冷却后放入冰箱。
　 可保存 1 周左右。

暴饮暴食后，可以用毛豆来补救

前一天晚上吃多了或喝多了，该怎么办呢？——请在第二天晚餐的时候吃毛豆吧，这样就可以一笔勾销。

首先，毛豆是一种蔬菜，但它又不是一个单独的品种，而是黄豆成熟之前比较柔软的一种形态。也就是说，毛豆兼具黄豆和蔬菜两者的营养成分，是一种惊人的食材。

夏天到初秋期间是吃毛豆的最佳时间。选择深绿色、豆子饱满的豆荚。过季之后，可以用冷冻食品代替。

喝多了的时候，一般下酒菜也不会少吃。炸薯条、比萨、甜点，最后可能还要吃点主食。这些下酒菜大多既高糖又高脂，满满的都是致胖元素。

这时，就轮到毛豆出场了。吃了毛豆之后，它可以燃烧摄取过多的糖类和脂类，让身体瘦下来。

另外，用餐时先吃毛豆，可以提高它的减肥功效。因为毛豆中含有丰富的膳食纤维。

毛豆可以阻止由肥胖导致的衰老，是一种效果惊人的"减龄"蔬菜。

吃毛豆，变年轻

兼具黄豆和蔬菜营养元素的惊人食材！

同时促进糖类和脂类的代谢，将其转换为能量！

膳食纤维

让饱腹感维持得更久

维生素 B_2

燃烧脂肪

维生素 B_1

分解糖类

标准量

1 天 1 把

毛豆

尚未成熟的黄豆。

用黄瓜为身体和脸消肿

有一种常见蔬菜可以快速消除身体和脸部的浮肿——那就是黄瓜。

造成浮肿的主要原因是盐分摄取过多。盐的主要成分是钠。饮食中如果盐分摄取过多，血液等体液中的钠浓度就会超标，导致过多的水堆积在体内，最终形成浮肿。

若要将多余的钠排出体外，就需要钾。

而黄瓜中就含有非常丰富的钾。食用的时候，最好将黄瓜切成细条后蘸酱生吃。蘸料建议选择意式沙拉酱、法式沙拉酱或芝麻沙拉酱。因为这三种酱料的脂肪和盐分含量相对较少。

酱黄瓜或腌黄瓜中的盐分较多，尽量不要采用这种方法。

黄瓜的95%都是水分，热量超低，所以吃的时候不用控制量。浮肿严重的时候，就吃一整根吧。

如果这样还不消肿，反而肿得更加厉害了，那也许是因为身体的某个地方出问题了，请及时去医院做个详细的检查。

打造清秀的身体线条

浮肿的原因有两个

① **盐分摄取过多**
一日三餐、零食中盐分太多

↓

将盐分主体"钠"排出去就可以了！

② **疲劳**
因为长时间站立等原因，血液、淋巴液运行不畅

↓

多做拉伸，好好睡一觉，第二天早上就好了！

钾

将多余的钠排出体外

食用量

1根

黄瓜条

因为钾不耐热，所以请生吃！

吃猪肉炒洋葱，预防更年期发福

介绍一道可以预防更年期发福的菜——猪肉炒洋葱。

更年期发福是更年期特有的一种肥胖状态。

猪肉和洋葱联手，可以击退更年期特有的肥胖，并降低胆固醇，可谓黄金组合。

那么，为什么更年期容易发胖呢？那是因为进入更年期后，女性体内的雌性激素会减少，雌性激素具有分解脂肪的功效，因此当雌性激素减少时，身体就会变得容易堆积脂肪。

此外，当人进入更年期后，容易出现焦虑、压力大等问题，为了缓解压力，人往往会不自觉地暴饮暴食。

更年期容易吃多的食材，主要集中在米饭、面类、水果、甜品等令人发胖的糖类上。而且，人在焦虑之下，又无法很好地控制食用的量和次数。

糖类虽然是身体必需的营养元素，但如果摄取过多，就会在体内转化为脂肪，尤其容易堆积在腹部。推荐食用富含维生素B_1的猪肉，因为维生素B_1可以有效地分解糖类，燃烧脂肪。

猪肉和洋葱是击退更年期发福的利器

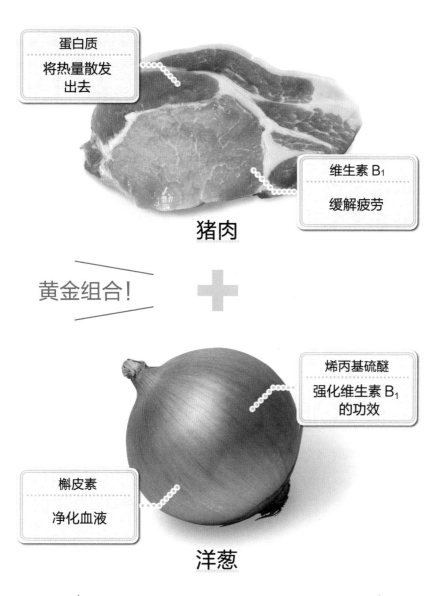

蛋白质
....
将热量散发
出去

猪肉

维生素 B_1
....
缓解疲劳

黄金组合！ ＋

烯丙基硫醚
....
强化维生素 B_1
的功效

槲皮素
....
净化血液

洋葱

＼ 击退更年期发福，净化血液！ ／

维生素B$_1$还有缓解疲劳的作用，非常适合容易疲劳的更年期人士食用。里脊肉或腿肉中的维生素B$_1$含量较为丰富。五花肉和肉末的脂肪、胆固醇含量较高，所以请尽量不要食用。

猪肉还含有丰富的蛋白质，可以将饮食中摄取的热量以体温的形式散发出去。

◆ 适合男性的超简单食谱

洋葱特有的刺激性气味烯丙基硫醚，可以让维生素B$_1$发挥出最大的功效。除此之外，洋葱中还含有丰富的槲皮素。槲皮素是多酚的一种，具有净化血液的作用。

进入更年期之后，因为雌性激素失衡，人容易患上血液变黏稠的高胆固醇血症。摄取充足的槲皮素非常重要。

也有研究表明，洋葱具有提高雄性激素水平的作用。因此，猪肉炒洋葱也可以用来应对男性的更年期不适。

猪肉炒洋葱采用的是猪里脊，和洋葱放在一起翻炒一下即可，非常简单。如果是做两人份的，需要使用约160 g薄切猪里脊肉片和一颗半洋葱，可见洋葱的用量较多。先将洋葱切成月牙状，入锅翻炒一下。然后将切成薄片、大小合适的猪肉放入其中，继续翻炒。等完全熟透后，就完成了。最后用酱油或甜辣味的调料调一下味即可，非常简单。

洋葱一炒就会变软，用量大概在猪肉的1.5倍左右。

防止更年期发福的美食

对男性的更年期也有效！

洋葱的用量是猪肉的 1.5 倍！

预防血液变黏稠的高胆固醇血症！

猪肉炒洋葱

"减龄"食谱

材料（2 人份）	制作方法
猪里脊肉（薄切）⋯⋯⋯160 g 洋葱 ⋯⋯⋯1.5 颗 食用油 ⋯⋯⋯1 大匙 酱油 ⋯⋯⋯1 大匙	① 先将洋葱切成月牙状，入锅翻炒一下。然后将切成薄片、大小合适的猪肉放入锅中，继续翻炒。 ② 最后用酱油或甜辣味调料调味，就完成了！

用B族维生素打造年轻、不易胖的身体

减肥和减龄都离不开一种营养成分，它就是B族维生素。B族维生素是维生素B_1、维生素B_2、维生素B_6、维生素B_{12}、烟酸、泛酸、叶酸和生物素等8种营养成分的总称。

如果人体内有充足的B族维生素，它们就会促进碳水化合物、蛋白质和脂肪的代谢，不让多余的脂肪囤积在体内。

相反，如果人体缺乏B族维生素，就会出现易胖、易疲劳等衰老的症状。

维生素B_1和维生素B_2可以在吃多了甜食时发挥功效，因为它们可以分解甜食中含量较多的糖类和脂类。

维生素B_6和烟酸是打造健康肌肤不可或缺的营养素。泛酸是生成抗压激素的原料，是压力大的人的救星。叶酸可以预防皱纹。生物素可以让头发变得顺滑有弹性。

在富含B族维生素的食材中，我尤其想推荐糙米、胚芽米和全麦面包。因为这三种食材含有的B族维生素非常全面且均衡。除此之外，它们还含有丰富的膳食纤维。

多吃富含 B 族维生素的食材

维生素 B_1

生物素

维生素 B_2

叶酸

B 族维生素

维生素 B_6

泛酸

烟酸

维生素 B_{12}

不囤积多余的脂肪!

推荐的食物

糙米　　　　　胚芽米　　　　　全麦面包

除了 B 族维生素外，膳食纤维也非常丰富!

09 吃不胖的食材——荞麦面，还拥有卓越的降血压功能

想让偏高的血压值回归正常——那就吃荞麦面吧！因为荞麦面特有的营养成分具有败火和降血压的功效。

上火和血压上升是更年期常见的典型症状。荞麦面可以很有效地预防这些症状。

荞麦面含有丰富的维生素P，这种维生素具有镇静败火的功效。柑橘类水果也含有很多维生素P，但我建议通过荞麦面来摄取。因为和水果相比，荞麦面是相对吃不胖的食材。

进入更年期后，身体原本就容易堆积脂肪，从而长胖。体重上涨又会导致血压上升，所以需要严加注意。

进入更年期后，什么都不做，血压也容易上升。维生素P除了败火之外，还有降血压的功效。而且，和同为面类的乌冬面相比，荞麦面还不易使人长胖。

离荞麦籽外壳越近的部分，维生素P的含量就越高。选择荞麦面的时候，要选择颜色深的荞麦面，而不是白色的。

用荞麦面败火降血压

芦丁易溶于水，荞麦面汤也要喝！

芦丁

降低血压

维生素 P

镇静败火，
降血压

食用量

1天1次

选择颜色深的荞麦面。

荞麦面

推荐这么吃！

- 搭配维生素 C 含量高的水果
  （草莓、猕猴桃、橙子等）或
  蔬菜（西蓝花、南瓜、菠菜、
  小番茄等）一起食用。

维生素P易溶于水，会溶解进面汤。因此，荞麦面汤也不能浪费。

◆ 更年期的坚强后盾——荞麦面

但是，如果将素汤荞麦面的汤全喝掉，盐分的摄取量就会超标。摄取过多盐分，易导致血压上升，一定要注意。

如果要吃荞麦面的话，建议选择蘸汁荞麦面。

维生素P可以促进维生素C的吸收。而维生素C又是"减龄"不可或缺的营养成分。吃荞麦面的时候，搭配富含维生素C的水果（草莓、猕猴桃、橙子等）或蔬菜（西蓝花、南瓜、菠菜、小番茄等）一起食用，可以获得更好的效果。

进入更年期的人来向我咨询饮食建议时，最常提到的是自己饮食喜好的变化。其中出现频率最多的就是荞麦面。

"突然喜欢上荞麦面了。"

"每天都要吃一次荞麦面。"

我经常听到这样的反馈。

很多人都反应，因为上火，比起素汤荞麦面，更想吃凉凉的蘸汁荞麦面。我想这就是身体本能的欲望吧。

有人可能会担心营养不均衡。其实只要和肉类、鱼类等菜一起吃就可以了。

每天吃1次荞麦面，这种频率是完全没问题的。

尤其是女性，在和更年期各种令人难受的症状搏斗的时候，学会灵活食用这种有益健康的食材吧！

第 *8* 章

解决色斑、皱纹、松弛等肌肤问题的饮食术

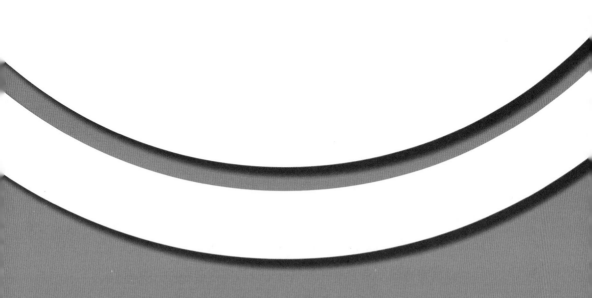

1天5颗小番茄，肌肤重返年轻

脸上不长色斑的秘诀就是每天都吃小番茄。

在紫外线的照射下，体内会生成活性氧。而活性氧就是造成色斑的罪魁祸首。想要祛除色斑，就必须提高抗氧化能力，这样才能对抗体内的活性氧。

番茄是抗氧化能力最强的食材。其秘密就在于红色的色素——番茄红素。

想要为身体补充番茄红素，就必须选用熟透了的鲜红的番茄。有些大番茄看上去很红，实际番茄红素含量并不多，选择红色的小番茄能摄取更多的番茄红素。

小番茄的最佳食用时间是晚餐！白天暴露在紫外线下受到的伤害，务必在当天就修复。

每天都吃的话，可以做成沙拉，比较简单。搭配油性沙拉酱一起食用，有助于提高吸收率，让番茄红素与番茄富含的另一种抗氧化成分β-胡萝卜素相得益彰，发挥更强大的抗氧化能力。

血液中番茄红素的浓度会随着年龄的增长而降低。特别是过了40岁的人，一定要搭配优质油一起食用，提高吸收效率。

小番茄越吃越年轻

拥有最强的
抗氧化能力!

番茄红素
消除活性氧

番茄红素的抗氧化能力
是 β – 胡萝卜素的 2 倍!
是维生素 E 的 100 倍!

食用量

1 天 5 颗

番茄红素含量
比大番茄多!

小番茄

173

推荐这么吃!

• 每天都吃的话,建议做成小番
茄沙拉。和油类沙拉酱一起食
用,可以同时提高番茄红素和
β – 胡萝卜素的吸收率!

小番茄沙拉

超强祛斑汤——番茄蛤蜊汤

值得珍藏一生的防紫外线措施——喝用大量蛤蜊制作的番茄汤。阳光强烈时一定要喝这个汤，而且做法非常简单。

紫外线是形成色斑和黑痣的主要原因。人体受到紫外线照射后，体内会生成活性氧，进而形成色斑或黑痣。想要祛除色斑和黑痣，阻止它们继续增加，就必须提高身体对抗活性氧的抗氧化能力。

这里介绍的番茄蛤蜊汤是对抗活性氧效果最明显的一道汤。

主要的材料番茄中含有丰富的番茄红素。这是一种具有强抗氧化能力的成分，能够有效对抗活性氧。蛤蜊富含铁。人体摄取充足的铁后，有助于消除活性氧的酶发挥更好的功效，从而达到去除活性氧的目的。

制作番茄蛤蜊汤时，要选择水煮罐头的蛤蜊，而不是带壳的蛤蜊。因为水煮罐头虽小，蛤蜊的量却很大，能补充大量的铁元素。

对于想要祛除色斑或黑痣，或不希望它们继续增加的人，我极力推荐这个汤。一定要尝试一下。

对抗活性氧的"超级减龄汤"

\ 色斑、黑痣的克星！/

番茄红素和铁双管齐下，祛除色斑和黑痣！

番茄红素

祛除色斑

铁

消除活性氧

相比生番茄，番茄罐头中含有更丰富的番茄红素！

番茄蛤蜊汤

"减龄"食谱

材料（4 人份）	制作方法
水煮番茄罐头 ……… 1罐（400 g）	① 将培根切成小块，锅中下油翻炒。
水煮蛤蜊罐头 ……… 1罐（180 g）	
※ 蛤蜊和水分的总量	② 放入番茄罐头、蛤蜊、水和浓汤宝，用中火煮 2~3 分钟。
培根 ……… 2~3 片	
特级初榨橄榄油 ……… 1 大匙	③ 最后用盐和黑胡椒粉调味，就完成了！
水 ……… 1 杯（200 ml）	
浓汤宝 ……… 1 块	
盐、黑胡椒粉 ……… 各适量	

喝了也不会长皱纹的酒——
红葡萄酒

经常听到有人说"喝酒会长皱纹"。

这是真的。因为酒精的利尿作用会让身体流失大量的水分，从而导致肌肤缺水。

但是红葡萄酒是唯一一种喝了不会长皱纹的酒。

为什么只有红葡萄酒具备预防皱纹、让肌肤变年轻的功效呢？这完全仰赖于白藜芦醇这种抗氧化物质。

红葡萄酒的红色是白藜芦醇的颜色。红葡萄酒之所以拥有"减龄"的能力，就是因为含有丰富的白藜芦醇。

想让肌肤变得年轻，喝酒解压也非常重要。压力有时候甚至会造成色斑。而且，压力一大，就会激起不必要的食欲，从而造成发胖。

焦虑、沮丧等负面情绪会让人看上去很苍老。这时候，可以借助酒的力量，让自己重返年轻。品一杯红葡萄酒，不仅可以让心情变好，外表也会看起来变年轻许多。

喝酒就喝红葡萄酒

能强力对抗活性氧！

红色是白藜芦醇的颜色。

白藜芦醇
为肌肤锁水保湿，
防止衰老

食用量
1 周 1~3 次
1 次 1 杯（180 ml）

红葡萄酒

推荐这么选！

- 选择紫红色的红葡萄酒：白藜芦醇含量高！
- 选择比较辣口的红葡萄酒：糖分少，适合减肥！

利用茄子的抗氧化能力，消除令人头疼的鱼尾纹

随着年龄的增长，笑的时候眼尾开始出现鱼尾纹。这时，连皮吃茄子，可以帮你解决这个烦恼。

因为茄子具有很强的抗氧化能力，能击败造成皱纹的活性氧。

过了30岁之后，加速衰老的活性氧就会在体内不断地堆积。肌肤是人体最容易受活性氧伤害的部位。想要不长皱纹，不增加皱纹，消除活性氧至关重要。

茄子特有的紫色是一种名为茄色甙的色素。茄色甙包含在皮中，具有很强的抗氧化能力。吃茄子的时候一定要连皮一起吃。

茄子中大约92%都是水分，水煮或煎炒之后会缩水，可以吃很多。

茄色甙和油一起食用时，会发挥更强的抗氧化能力。建议将茄子和肉、红彩椒放在一起炒着吃。

茄色甙还具有很强的抗癌作用。人体老化是癌症的一大诱因，不管是为了预防癌症，还是为了抗衰老，茄子都是一种不可或缺的食材。

用茄子击退皱纹

和油一起吃，可以提高抗氧化能力！

约92%是水分。

茄色贰多含于皮中，请连皮一起吃！

茄色贰

消除活性氧

食用量
1次 1~2根

茄子

哪种吃法更"减龄"？

推荐

茄子炒肉和红彩椒

不可以

烤茄子

酱菜

将茄子和肉、红彩椒放在一起炒，还可以同时获取蛋白质和维生素C，让肌肤更加滋润，更显年轻！

常吃牛蒡，肠道干净，肌肤年轻

过了30岁之后，请经常食用富含膳食纤维的牛蒡，保持肠道干净。

净化肠道有助于促进肌肤滋润成分和"减龄"所必需的营养成分的合成，从而令肌肤水润有弹性，皱纹消失不见。

肠道如果一直处于干净的状态，就可以生成维生素B_6。维生素B_6是合成雌性激素所必需的营养成分。当体内雌性激素充足的时候，滋润成分就会增加。由此便可形成一个良性的"减龄循环"。

牛蒡含有丰富的不可溶性膳食纤维，有助于增加肠道内的益生菌，改善肠道环境，并带着肠道不需要的废物一起顺滑地排出体外。

也就说是，牛蒡能改善便秘、让凸起的小肚子瘪下去。

建议在晚餐的时候，将其做成牛蒡沙拉食用。虽然用蛋黄酱拌会带来脂肪，但是相比之下，摄取充足的膳食纤维带来的好处更大。

牛蒡富含膳食纤维，食用时咀嚼的次数自然就会增加。分量不多，却能带来充分的满足感，可以防止饮食过量。请一定要尝试一下。

牛蒡可以抹平皱纹

吃牛蒡

↓

肠道变干净

净化肠道是保持年轻的秘诀！

"减龄循环"

肠道内维生素 B_6 增加

合成雌性激素

肌肤水润，皱纹消失，小肚子瘪下去。

哪种吃法更"减龄"？

推荐！

可以用蛋黄酱拌。能摄取充足的膳食纤维。

不可以

味道重，不断地吃米饭。

牛蒡沙拉　　　　　　　胡萝卜丝炒牛蒡

南瓜是"减龄"必备的超级蔬菜

南瓜中富含减龄所必需的维生素，它们分别是维生素A、维生素C和维生素E。同时含有这三种营养成分的蔬菜，只有南瓜。

维生素A和维生素C是合成滋润成分时必需的营养成分。其中，维生素A是从细胞级别合成滋润成分时不可或缺的营养成分。同时，它还具有去除皱纹的作用。

维生素C是合成滋润成分——胶原蛋白时必需的营养成分。它还具有淡斑的功效。

维生素E可以阻止加速身体衰老的过氧化脂质伤害细胞，是真正意义上的"减龄维生素"。除此之外，它还可以改善毛细血管中的血液流通，将合成滋润成分所需的营养成分运送到身体的各个角落。

同时摄取维生素E和维生素C，可以加强"减龄"的功效。

而且，这三种维生素都有很强的抗氧化能力，能对抗导致衰老的活性氧。

因此，南瓜可以说是减龄必备的超级蔬菜。

三重抗氧化，让身体重回年轻

维生素 A

滋润肌肤

合成滋润成分
时必需的营养
成分。

维生素 C

祛斑

同时摄取，可
以提升"减龄"
效果。

维生素 E

延缓衰老

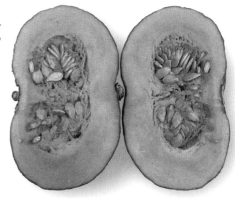

南瓜

三种维生素，
合力击退导致衰老的活性氧！

南瓜的最佳食用方法是做成猪肉卷

有一道菜可以一次性摄取多种保持年轻所需要的维生素——它就是南瓜猪肉卷。

这道菜除了富含维生素之外，还有南瓜的甜味。而这个甜味正是关键！因为甜味可以让大脑放松下来。

"但是，南瓜糖分多，吃了不会发胖吗？"也许有人会提出这样的疑问。

请放心，完全没问题。

相反，吃了甜甜的南瓜，"想要吃甜点"的心情就会被扰乱。也就是说，南瓜还能抑制不必要的食欲，最终达到减肥的效果。

南瓜为什么要和猪肉搭配一起食用呢？

因为猪肉不仅富含可以分解糖类的维生素B_1，代谢糖类、脂类、蛋白质时必不可少的烟酸含量也很高。也就是说，猪肉可以让其发挥双重减肥功效。

随着年龄的增长，人体内的雌性激素容易分泌不足。而烟酸是增加雌性激素所必需的营养成分，可以合成肌肤的滋润成分。因此，猪肉卷是最佳的食用方法。

一次性摄取多种"减龄维生素"

维生素 B$_1$

分解糖类

减肥效果卓越！

南瓜的甜味可以放松大脑！

烟酸

滋润肌肤

维生素 A、维生素 C、维生素 E

对抗活性氧

南瓜猪肉卷

"减龄"食谱

材料（1人份）
南瓜薄片⋯⋯⋯ 4~5片
猪里脊薄片⋯⋯⋯ 4~5片
食用油⋯⋯⋯ 1大匙
盐⋯⋯⋯ 少许

* 也可以加入牛蒡、胡萝卜等食材。

制作方法
① 用1片猪肉裹住几根南瓜丝，放入平底锅煎。
② 用盐或甜辣味调料调味后，就完成了！

多吃鲣鱼，可以瘦脸

多吃鲣鱼，可以让脸部线条更加紧致。

鲣鱼含有很多美容成分，可以延缓脸部肌肤松弛，让脸显得更年轻。比如构成皮肤细胞的蛋白质；合成雌性激素、让肌肤恢复弹性所需的维生素B_6；有助于提高代谢，让肌肤、头发、指甲变年轻的碘；改善脸色所需要的铁等。这些都是有助于"减龄"的营养成分。

另外，鲣鱼还有减肥功效。搭配生姜、大蒜一起食用，效果更佳。

除此之外，鲣鱼中富含的维生素B_6和铁还会相互合作，助我们预防缺铁性贫血。缺铁性贫血往往是在我们自己都没有注意到的情况下不断发展的。

如果贫血，脸色会呈现黑青色。检查一下自己是不是贫血。如果是，一定要多吃鲣鱼，改善贫血，重回年轻状态。

吃鲣鱼，延缓脸部松弛

\ 如果觉得"脸老了"，就吃这个！/

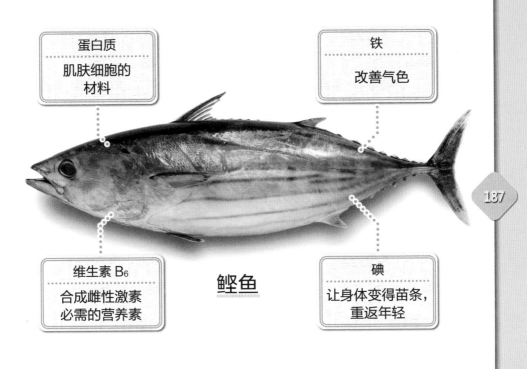

蛋白质
肌肤细胞的材料

铁
改善气色

维生素 B_6
合成雌性激素必需的营养素

碘
让身体变得苗条，重返年轻

鲣鱼

推荐这么吃！

• 搭配生姜和大蒜一起吃，减肥效果更佳！

生姜中的姜辣素可以对抗活性氧！

大蒜中的大蒜素可以提高分解糖类的效率！

鲣鱼片

芦笋可以让疲惫的脸重焕光彩

让疲惫的脸瞬间重焕光彩——这种魔法般的美味是存在的，它就是芦笋炒虾仁。

做法非常简单。只需将芦笋斜切成段，然后和虾一起放入特级初榨橄榄油中翻炒，最后用盐调一下味即可。

这道菜可以防止脸上露出疲惫之态，形成"疲劳纹"，让脸部重新焕发光彩。

芦笋中含有丰富的β-胡萝卜素。β-胡萝卜素即便摄取过多，也可以储存在体内，因此可以多放些芦笋，多吃点。

如有需要，储存在体内的大量β-胡萝卜素会转化为维生素A，消除活性氧。

除此之外，芦笋中叶酸的含量也很高。组成叶酸的对氨基苯甲酸具有预防皱纹的功效。因此，食用芦笋可以让脸显得更年轻。

虾是一种低脂肪、低热量、高蛋白的优质食材，搭配一起食用，可谓优点多多。

减龄又减脂的魔法美食

\ 也十分适合做减肥餐! /

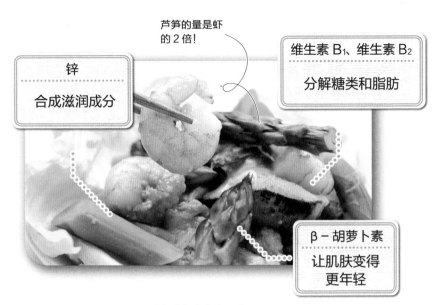

芦笋的量是虾的 2 倍!

锌
合成滋润成分

维生素 B_1、维生素 B_2
分解糖类和脂肪

β－胡萝卜素
让肌肤变得
更年轻

芦笋炒虾仁

"减龄"食谱

材料（2人份）	制作方法
芦笋 ……… 8 根（约 160 g） 虾仁 ……… 80~100 g 特级初榨橄榄油 ……… 1 大匙 盐 ……… 少许	① 将芦笋斜切成段。 ② 然后和虾一起放入特级初榨橄榄油中翻炒，最后加入盐即可！

189

蛋白质是合成肌肤滋润成分的材料。虾中锌的含量也很高，有助于合成、维持滋润成分。只要有充足的滋润成分，就不会造成皱纹和松弛问题。

而且虾中还富含能够分解糖类的维生素B_1、燃烧脂肪的维生素B_2，可以促进身体的代谢。总之，虾是一种适合减肥的食材。

◆ 也可以用来缓解疲劳

为什么脸上会显露疲态呢？

因为过了30岁之后，人体就会开始衰老。缓解疲劳的速度越来越慢，往往会遗留到第二天。

尤其是前一天晚上喝了酒或饱餐一顿后，内脏会非常疲劳。第二天，就会满脸憔悴，无精打采。

想要防止脸上出现疲态，就必须通过饮食来让人体快速从疲劳中恢复过来。而芦笋炒虾仁正是一道非常优秀的缓解疲劳的美食。

芦笋可以让身体变得年轻。吃得越多，身体就越不容易疲劳。因为芦笋中富含强化体能时不可或缺的天冬氨酸。

天冬氨酸常被用来制作营养饮料，可见它对缓解疲劳有多大的功效。而且它还会将钾、镁、钙等输送至全身。如果人体缺乏这三种营养成分，就容易头痛、肩颈酸痛和腿抽筋。

也就是说，芦笋可以为身体和内脏缓解疲劳，让身体重回年轻时的状态。

这道菜热量低，也非常适合用作减肥餐。

提高芦笋"减龄功效"的方法

1 食用应季芦笋

吃芦笋的季节是春天到夏天！选择深绿色、头部闭合且笔直的芦笋。

2 用特级初榨橄榄油炒

和橄榄油一起吃，可以提高 β－胡萝卜素的吸收率！

芦笋

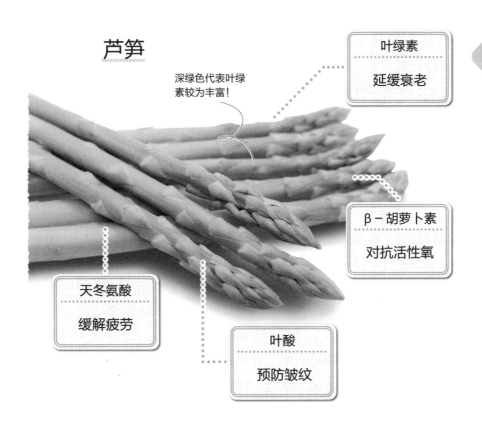

深绿色代表叶绿素较为丰富！

叶绿素
延缓衰老

β－胡萝卜素
对抗活性氧

天冬氨酸
缓解疲劳

叶酸
预防皱纹

191

10 青椒炒牛肉，快速改善脸部松弛现象

有一道菜即便是喜欢肉讨厌蔬菜的人也会喜欢吃。而且这道菜还有助于收紧松弛的下颚线，改善圆乎乎的脸部轮廓。

这道菜就是青椒炒牛肉。

青椒炒牛肉的做法很简单，只要将牛里脊和青椒放在一起翻炒一下即可。但就是这么一道简单的菜，却可以有效地改善脸部松弛现象。

那么，为什么下颚线和脸部轮廓会松弛变圆呢？

因为过了30岁之后，脸部的滋润成分就会急剧减少。而肌肤的弹性是由滋润成分支撑的。反过来说，只要能够通过饮食补充滋润成分，就可以预防肌肤松弛。

◆ 让肌肤快速恢复弹性和水润的饮食法

人体合成滋润成分需要动物蛋白、血红素铁和锌。而同时拥有这三种营养成分的食物就是牛肉。

可以提升脸部轮廓的家常美食

肌肤恢复水润有弹性，脸也变小了！

维生素 C 不耐热，稍微翻炒一下即可。

β－胡萝卜素

可以同时获取合成滋润成分的营养元素。

维生素 C

氨基酸

牛肉中没有的营养元素，这里有！

铁

锌

青椒炒牛肉

提高"减龄功效"的诀窍

1 牛肉要选择都是瘦肉的里脊肉！
补铁的同时，不摄取多余的脂肪。

2 青椒的量是牛肉的 2 倍！
因为青椒中富含的维生素 C 消耗比较大。

选择牛肉时，重点是选择都是瘦肉的里脊肉。

牛肉中的胆固醇可以防止肌肤中的水分流失。锌是合成令肌肤水润有弹性的成分时不可或缺的营养元素。事实上，锌含量高的食物意外地很少。光是能够摄取到充足的锌，牛肉的食用价值就很高。

青椒中含有很多牛肉里没有的营养成分。首先是可以在体内转变为维生素A的β–胡萝卜素。除此之外，还有合成肌肤的滋润成分时必需的维生素C。

β–胡萝卜素和油一起食用，可以提高其吸收率，但维生素C却不耐热。所以，做的时候，建议用油快速翻炒。青椒是可以生吃的蔬菜，所以炒的时候，只要稍微炒一下就可以了。

"减龄"食谱

青椒炒牛肉

材料（2人份）

牛肉 ……… 约80 g
青椒 ……… 约150 g
食用油 ……… 1大匙
盐、黑胡椒粉 ……… 各少许

制作方法

将牛肉和青椒放入油中快速翻炒一下，最后用盐和黑胡椒粉调味即可！

第 *9* 章

吃出水润肌肤，
重回年轻状态

01

卷心菜是对付皮肤粗糙问题的"特效药"

防止肌肤粗糙的方法很简单，多吃卷心菜就可以。

卷心菜约96%都是水分，所以怎么吃都不会胖。积极食用，还可以打消不必要的食欲。减肥效果卓越。

卷心菜含有丰富的膳食纤维，可以有效地改善便秘，调节肠道环境。

肠道环境变好后，就可以在肠道内合成B族维生素。B族维生素的成员们会分解糖类和脂类，阻止肌肤衰老，预防湿疹以及过敏性的肌肤粗糙问题等。

有时候，压力过大也会导致皮肤粗糙。而卷心菜中富含的维生素C正好可以对抗压力。膳食纤维和维生素C双管齐下，可以让我们的肌肤重返年轻。

维生素C具有淡斑功能，也是合成肌肤滋润成分——胶原蛋白时不可或缺的营养成分。但是，维生素C不耐热，因此卷心菜最好生吃。吃的时候，使用普通的沙拉酱。无油沙拉酱的含糖量很高，尽量不要使用。

想让肌肤重返年轻，就吃卷心菜

卷心菜效果好的三个理由

1. 可以防止暴饮暴食。

2. 可以改善肠道环境。

3. 可以对抗压力。

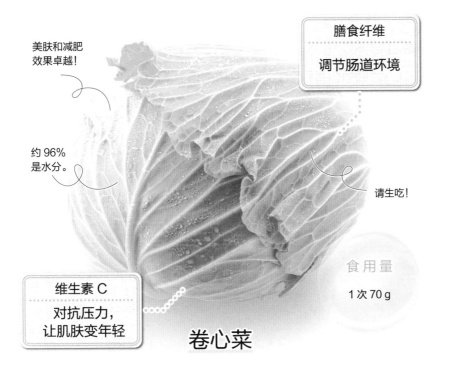

膳食纤维

调节肠道环境

美肤和减肥
效果卓越！

约96%
是水分。

请生吃！

食用量

1次70 g

维生素 C

对抗压力，
让肌肤变年轻

卷心菜

02 保持肌肤水润不可或缺的脂类

为什么上了年纪后，肌肤会失去光泽，变得容易干燥呢？因为从30岁左右开始，肌肤的新陈代谢就会变慢。

肌肤表面有一层叫作角质层的细胞层。角质层中包含的水分才是肌肤润泽的关键。令人头疼的是，这里的水分极易蒸发。

角质层中有一种叫神经酰胺的脂类，它存在于细胞和细胞的间隙中。神经酰胺可以防止角质层中的水分蒸发。也就是说，想要保持肌肤水润，就绝对离不开神经酰胺。

但是，从30岁左右开始，肌肤的新陈代谢就会开始变慢。到了50岁，神经酰胺的量更是会减少到20岁时候的一半。

过了30岁之后，肌肤变得越来越干燥，就是因为这个原因。因此，想让肌肤保持水润，通过饮食补充神经酰胺即可。

神经酰胺让肌肤保持水润

神经酰胺的作用
1. 让肌肤保持水润。
2. 阻挡外部的刺激。

正常肌肤

神经酰胺锁住了一半的水分！

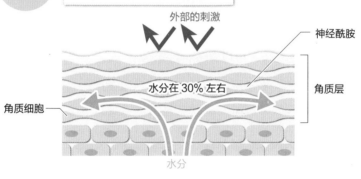

外部的刺激

神经酰胺

水分在 30% 左右

角质层

角质细胞

水分

干燥肌肤

到了 50 岁，神经酰胺会减少到 20 岁时的一半！

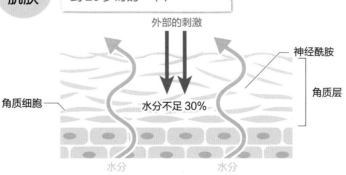

外部的刺激

神经酰胺

水分不足 30%

角质层

角质细胞

水分　　　水分

1周吃1次魔芋，保持肌肤水润

想要保持肌肤水润，那就多吃魔芋吧！

只要这样做，容易干燥的肌肤就会脱胎换骨，变得水润而有光泽。

魔芋是最适合用来补充神经酰胺的食材。因为它含有丰富的葡萄糖基神经酰胺，可以合成神经酰胺。

无论是魔芋块还是魔芋丝都可以。但请尽量选择黑色的、用野生魔芋制成的魔芋块或魔芋丝。因为只有这种魔芋才含有丰富的葡萄糖基神经酰胺。

食用标准为1周300 g左右。魔芋的热量很低，吃多了也不会发胖。它不仅可以让肌肤变得水润有光泽，还有助于减肥。可谓是"女性之友"。

不仅是肌肤，连身体也会变年轻。

为此，以坚持三个月为目标，养成"1周1次，晚餐吃魔芋"的习惯吧。

选择黑色的魔芋

热量低，吃多了也不会发胖！

选择黑色。

建议选择原材料是
野生魔芋的。

食用量

1周300 g

葡萄糖基神经酰胺
让肌肤保持
水润

魔芋

推荐这么吃！

魔芋膏

• 将魔芋煮熟，然后涂上味噌
食用。

魔芋排

• 将魔芋块放在平底锅中煎熟。
• 用"黑胡椒粉+盐""黑胡椒
粉+盐+辣椒粉""蒜泥+酱油
+辣椒油"等调味。

1天1个橘子，拯救冬天干燥的肌肤

冬天天气比较干燥，该怎么保养肌肤呢？——答案就是每天吃1个橘子。

入冬后，皮肤变干、变硬，手、唇等也会因此变得粗糙。这些都是冬天干燥的空气将肌肤角质层中的水分蒸发而造成的。

这时，有一种食材可以将你从冬天的干燥中拯救出来，给你肌肤带来水润与光泽。它就是冬天里的应季水果——橘子。

橘子能够这么有效地解决干燥问题，其秘密就在于β-隐黄质这种色素。如有需要，它会在体内转化为保护角质层中的水分所必需的维生素A。

推荐橘子是因为在所有食物中，它的β-隐黄质含量是最高的。比如，和同为柑橘系的水果相比，同等克重下，橘子中的β-隐黄质含量是橙子的约14倍。

橘子最好吃新鲜的。因为同样是1个橘子，橘子罐头里的β-隐黄质大概只有新鲜橘子的三分之一。

在干燥的冬季，每天吃1个橘子，每周至少吃5个。

冬天吃橘子，肌肤变水润

β－隐黄质

保护角质层中的水分

让肌肤水润有光泽！

食用量

1周至少5个
1天1个

橘子

β－隐黄质的含量

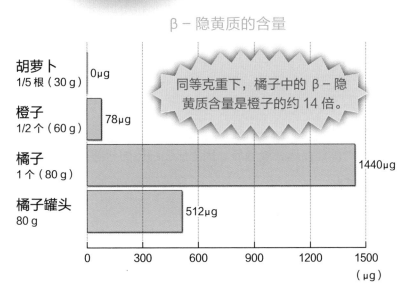

胡萝卜
1/5 根（30 g） | 0µg

橙子
1/2 个（60 g） | 78µg

橘子
1 个（80 g） | 1440µg

橘子罐头
80 g | 512µg

同等克重下，橘子中的 β－隐黄质含量是橙子的约 14 倍。

0   300   600   900   1200   1500
（µg）

喝橘子汁，让肌肤持久水润

整箱购买、每天都吃橘子的人，外表看上去绝对要比同龄人显年轻。因为他们会囤货，不让橘子断货。

如果吃不完，可以连皮放入冰箱冷冻。冷冻橘子在冬天的室内20分钟左右即可解冻。也可以放在热水中泡一下，或用微波炉加热30~40秒，然后在半解冻的状态下食用。口感就像在吃冰激凌一样，很好吃。当然，β-隐黄质不会流失，请放心。

在没有橘子的季节里，可以用橘子汁（浓缩还原果汁100%）代替。两天喝1次，每次1杯（200 ml）即可，这样就能摄取到2200 ug的β-隐黄质。

但是不可以用橙汁代替。因为同样1杯橙汁中的β-隐黄质只有104 ug，还不到橘子汁的二十分之一。

喝的时间建议选在晚餐后，因为肌肤细胞的新陈代谢在睡眠期间最为活跃。

可以每天坚持喝橘子汁

推荐的橘子汁

藏寿司
藏独家
温州橘子汁
浓缩还原　果汁浓度 100%

- 无香精、无色素、无添加，令人放心。可以品味到温州橘子的浓厚味道！

JA 静冈经济连
果香
浓密橘子
浓缩还原　果汁浓度 100%

- 100% 使用静冈县产的温州橘子。1 罐果汁相当于5 个橘子！

JA 和歌山县农
JOIN
和歌山橘子
浓缩还原　果汁浓度 100%

- 100% 使用和歌山产的温州橘子。酸甜宜人，浓度100%！

β - 隐黄质含量
每 100 g 含有
1100ug

沙丁鱼可以预防令人讨厌的成人痘

有一个很简单的方法可以预防成人痘——那就是多多食用沙丁鱼。

沙丁鱼中含有很多能有效对付成人痘的营养成分。请一定要尝试一下，借助沙丁鱼的力量，让肌肤保持年轻、健康的状态吧。

沙丁鱼含有丰富的B族维生素。含有B族维生素的食材本身就少，在此基础上还要富含铁元素的话，那就只有沙丁鱼了。

长在嘴角周围的成人痘是由缺铁造成的。而沙丁鱼中含有大量吸收率高的血红素铁，所以食用沙丁鱼可以预防嘴角周围长痘。

最好的食用方法是生鱼片。因为B族维生素中有不耐热的成员。吃不了生鱼片的人，可以选择采用炖煮的方法。

沙丁鱼还含有丰富的EPA（二十碳五烯酸）和DHA（二十二碳六烯酸），可以有效缓解过敏症状和肌肤炎症等。但是它们包含在脂肪中，一加热，就会流入汤汁。吃鱼肉的时候，一定要多蘸点汤汁。

沙丁鱼的营养成分能让肌肤保持年轻

成人痘形成的原因

1. 因为吃太多甜食或压力过大，皮脂分泌过剩。

2. 缺乏分解皮脂所需的 B 族维生素。

3. 缺乏保持肌肤水润的铁元素。

吃沙丁鱼可以让皮肤变好！

铁
促进胶原蛋白的生成

B 族维生素
让皮肤变好

最好吃生鱼片！

EPA、DHA
抑制过敏症和炎症

沙丁鱼

用西芹去除黑眼圈

早上起床，发现黑眼圈很明显！没关系，吃点西芹就可以了。

经常吃西芹的话，即便睡眠不足，也不会出现黑眼圈。而且，还可以让因为睡眠不足而浮肿的脸消肿，非常有效。

吃西芹可以一次性解决造成黑眼圈的三大罪魁祸首——睡眠不足、疲劳和压力大。因此，西芹是一种非常值得推荐的食材。

另外，西芹有独特的香味。这种香味的主要成分是芹菜甙。芹菜甙具有放松自律神经的功效。当情绪不稳定时，人会难以入眠，或难以进入深度睡眠。而芹菜甙可以帮助你放松自律神经，让你快速进入睡眠。

除了香味成分外，西芹还含有丰富的钾元素。钾具有消退浮肿的功效，可以让因为疲劳而浮肿的脸瘦下来。

若想更好地摄取西芹的香味成分，最好连叶子一起食用。

西芹可以让你一觉睡到天亮

①睡眠不足

造成黑眼圈
的三大因素

②疲劳　　　③压力大

此时，就该轮到西芹出场了！

可以助眠，也能
消除黑眼圈！

西芹

香味本身就具备缓解
压力的作用！

芹菜甙	钾
放松自律神经	消肿

鸡胸肉炒芜菁叶，对缓解疲劳有奇效

拖到第二天早上的疲劳是造成黑眼圈的罪魁祸首。也就是说，如果能够快速缓解疲劳的话，就不会出现黑眼圈了。

有一道菜对缓解疲劳有奇效，它就是鸡胸肉炒芜菁叶。

鸡胸肉中富含的咪唑二肽是一种备受瞩目的能够缓解疲劳的物质。

研究人员在研究"候鸟为什么能连续不断地飞几百公里"这个问题时，发现了咪唑二肽。它能阻止由活性氧造成的衰老。

芜菁叶丢掉就未免太浪费了。因为芜菁叶富含 β-胡萝卜素，是一种很厉害的黄绿色蔬菜。β-胡萝卜素是一种强抗氧化物质，能延缓由活性氧造成的衰老。

芜菁叶中的维生素C含量也很高，而维生素C具有缓解疲劳和压力的作用。

因此，鸡胸肉炒芜菁叶可谓是为缓解疲劳量身定制的菜。但是维生素C不耐热，必须快速翻炒。建议在晚餐时食用，这样就可以缓解一整天的疲劳了。

为缓解疲劳量身定制的组合

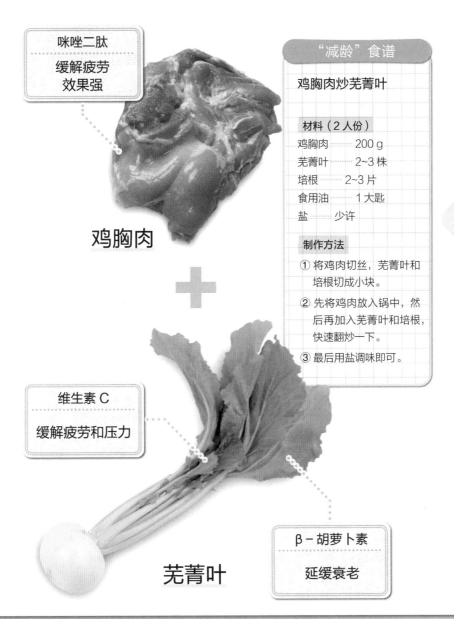

咪唑二肽

缓解疲劳
效果强

鸡胸肉

211

+

维生素 C

缓解疲劳和压力

芜菁叶

β - 胡萝卜素

延缓衰老

"减龄"食谱

鸡胸肉炒芜菁叶

材料（2 人份）

鸡胸肉 ⋯⋯⋯ 200 g
芜菁叶 ⋯⋯⋯ 2~3 株
培根 ⋯⋯⋯ 2~3 片
食用油 ⋯⋯⋯ 1 大匙
盐 ⋯⋯ 少许

制作方法

① 将鸡肉切丝，芜菁叶和培根切成小块。

② 先将鸡肉放入锅中，然后再加入芜菁叶和培根，快速翻炒一下。

③ 最后用盐调味即可。

青花鱼让宿醉后的肌肤重焕光彩

有种食材可以快速消除宿醉带来的疲惫感——它就是青花鱼。青花鱼拥有的"减龄"功效多达五种。

首先，它富含维生素B_1。维生素B_1含量高的话，分解残留在体内的酒精的速度就会变快。也就是说，可以快速消除宿醉感。

其次，青花鱼富含维生素B_2，可以分解肉吃多后形成的老化物质、过氧化脂质。除此之外，还可以燃烧脂肪，发挥减肥功效。

第三，它富含维生素B_6，可以和维生素B_2一起，预防成人痘和皮肤粗糙。而且，维生素B_6还能防止饮酒过度后脂肪堆积到肝脏上。

第四，它富含烟酸，可以分解造成宿醉以及宿醉后头痛的根本原因——乙醛。

最后，青花鱼还富含EPA和DHA，可以净化因脂肪堆积而变得黏稠的血液，让血液重回干净清爽的状态。

最佳食用方法是简简单单地盐烤。平均每周吃2~3次，一次吃1块（约80 g）即可。

通过 5 种"减龄"功效，
消除宿醉带来的疲惫感

简简单单地
盐烤即可！

| 维生素 B$_1$ |
| 消除宿醉 |

| EPA、DHA |
| 净化血液 |

| 维生素 B$_2$ |
| 分解老化物质 |

| 烟酸 |
| 防止喝多了引起的头痛 |

| 维生素 B$_6$ |
| 防止脂肪堆积在肝脏上 |

烤青花鱼

食用量
1 周 2~3 次
1 次 1 块
（约 80 g）

推荐这么吃！

青花鱼味噌罐头

• 骨头酥软，偶尔吃一次也可以！
• 食用量：
　1 次 1/2 罐

金枪鱼+牛油果，告别肤色暗沉

有一道菜可以提升肌肤的通透感，它就是金枪鱼牛油果沙拉。

金枪鱼富含吸收率高的铁元素，可以改善隐性贫血（有贫血的倾向，但还没有表现出贫血的症状，多为缺铁性贫血），恢复脸部气色。

铁还可以合成消除活性氧的酶，而活性氧又是形成黑色素的原因之一。因此，想美白肌肤，绝不可以缺铁。

除此之外，红色的金枪鱼还含有"减龄"所不可或缺的硒元素。硒制造的酶可以阻止促进身体衰老的活性氧和过氧化脂质发挥功效。

牛油果含有丰富的维生素E，可以强力阻拦活性氧制造黑色素，还可以改善毛细血管内的血液运行。

肤色暗沉部位的血液运行顺畅后，脸上的气色就会开始有所好转。而且，维生素E还能延缓肌肤细胞的衰老。

牛油果中不可溶性膳食纤维和可溶性膳食纤维的含量都很高，所以它还有改善肠道环境的功效。肠道环境变好后，就会不断地合成新陈代谢所必需的维生素，最终让身体重回年轻的状态。

让脸部重回年轻的美食

造成肌肤暗沉的三大因素

①
黑色素
沉着

②
血液运行
不畅

③
新陈代谢
减慢

彻底告别脸部暗沉！

| 硒 |
| 延缓衰老 |

| 铁 |
| 改善面部肤色 |

| 维生素 E |
| 改善血液运行，延缓肌肤衰老 |

| 膳食纤维 |
| 改善肠道环境 |

金枪鱼牛油果沙拉

"减龄"食谱

材料（2 人份）

金枪鱼生鱼片	160 g
牛油果	1 个
绿叶蔬菜	适量
酱油味沙拉酱	适量

制作方法

① 将金枪鱼和牛油果切块，绿叶蔬菜撕碎。

② 然后浇上酱油味的沙拉酱，拌匀即可。

也可以使用芥末酱油拌。

* 这道菜容易氧化，做完后要尽快吃掉。

11

蛋液裹豆腐，让粗糙的手变得光滑细腻

希望粗糙的手可以变得光滑细腻，那就吃蛋液裹豆腐吧。

只需这一道菜，粗糙的手就可以得到修复，变得水润光滑。

不仅如此，它还可以促进人体的新陈代谢，让全身上下都变得更年轻，甚至还有助于减肥。

做这道菜的时候，推荐使用冻豆腐。冻豆腐含有丰富的大豆皂甙。前文已经介绍过，大豆皂甙可以抑制加速衰老的过氧化脂质的增加。

另外，冻豆腐的钙含量也很高。可以预防进入更年期后容易患上的骨质疏松症，让骨骼年龄也变年轻。

除此之外，冻豆腐还含有丰富的蛋白质和锌。蛋白质是制造新皮肤细胞和滋润成分的材料，而锌是滋养它们的营养成分。

鸡蛋也含有蛋白质和锌，我们可以通过这道菜摄取双倍的蛋白质和锌。

鸡蛋还含有维生素A和B族维生素，可以让粗糙的肌肤在短时间内脱胎换骨，变得光滑细腻。

其中的维生素B_6更是合成雌性激素所必需的营养要素，而雌性激素又是制造滋润成分所不可或缺的成分。

重获光滑嫩肤的快手美食

修复毛糙的指尖和粗糙的肌肤！

大豆皂甙
抑制过氧化脂质

蛋白质
制造皮肤细胞和滋润成分的材料

维生素 A
让肌肤透亮有光泽

B 族维生素
让肌肤光滑细腻

锌
滋养皮肤细胞和滋润成分

蛋液裹冻豆腐

推荐的产品

• "MISUZU 豆腐　一口先生"
先用微波炉加热几分钟，让冻豆腐解冻，然后放入锅中炖煮。

• "MISUZU 豆腐　玉子豆腐"
请按照包装上写的制作方法炖煮，最后将鸡蛋液浇在豆腐上即可！

食用量
2 人份
冻豆腐 1/2 块
鸡蛋 1 个

12

收缩毛孔的魔法汤——文蛤鸭儿芹汤

若想收缩毛孔，有一道对女性而言非常有魅力的菜——文蛤鸭儿芹汤。

这道菜采用的都是有助于收缩毛孔的食材。文蛤和鸭儿芹的组合包揽了收缩毛孔所需要的所有营养成分。

不仅如此，它还可以让肌肤保持水润有弹性，而且因为低热量、低脂肪，也十分适合作为减肥餐来食用。真可谓是为肌肤和身体"减龄"量身定制的一道菜。

30~35岁期间，毛孔开始粗大，很难再给人留下年轻的第一印象。因为在此期间，让肌肤保持水润有弹性的三种成分都在不断减少，以至于没有余力再好好支撑毛孔，最终导致毛孔开始变得粗大起来。

这时就需要文蛤来救场了。文蛤虽然低热量、低脂肪，却含有丰富的蛋白质。蛋白质是制造皮肤细胞、弹性成分以及滋润成分的重要材料。

而且，文蛤中锌的含量也很高。锌是合成弹性、滋润成分时必需的营养元素。殊不知，富含锌的食物很少，贝类是非常重要的补锌源。

为肌肤和身体"减龄"量身定制

可以摄取收缩毛孔需要的
所有营养成分！

蛋白质、锌
·········
让肌肤水润
有弹性

文蛤

文蛤鸭儿芹汤

β-胡萝卜素
·········
阻拦活性氧

餐前喝，
有助于减肥！

鸭儿芹

维生素C
·········
滋润肌肤

在没有文蛤的季节，
也可以使用花蛤！
可以做成味噌汤！

◆ 餐前喝，可以提高减肥功效

想要制造滋养成分，除了蛋白质外，还需要维生素A和维生素C。而鸭儿芹恰好同时富含这两种营养成分。

鸭儿芹还含有丰富的β-胡萝卜素。可以按需转化为维生素A，剩下的部分则会为人体阻拦加速衰老的活性氧。除此之外，鸭儿芹的维生素C含量也很高。

做成汤之后，脂肪和热量都很低。在刚开始用餐时，先补充水分，可以防止吃太多。而且先喝汤可以抑制增进食欲激素的分泌。

都说文蛤的最佳食用时间是初春，其实秋冬时节的味道会更好。

"减龄" 食谱

文蛤鸭儿芹汤

材料（2人份）

文蛤 —— 6个
鸭儿芹 —— 2小把
清酒 —— 少许
盐、酱油 —— 各少许

制作方法

① 将文蛤放入水中，开中火煮开。
② 等文蛤开口后，撇去浮沫。
③ 依次加入清酒、盐和酱油，关火。
④ 将鸭儿芹打成结，放在汤上就完成了！

第 *10* 章

让头发和外表重返
年轻的饮食习惯

01 扇贝+小松菜，让头发不再稀疏

有一道菜可以帮助中老年人，甚至是年轻人轻松预防脱发，如此有魅力的美食就是扇贝炒小松菜。这道菜可以让头发"重返年轻"，减少脱发，增加发量。

头发是活跃的细胞分裂后的产物，其大部分都是由蛋白质构成的。当生成头发的细胞，即毛囊干细胞的新陈代谢不再旺盛时，头发的生长能力就会减弱。

增加发量需要锌和铁。

扇贝中的锌含量比较高，而且属于低脂肪食物。而小松菜则富含铁。除此之外，维生素A的含量也很高，可以辅助头发茁壮地成长。

炒菜的油要选择芝麻油，因为芝麻油中富含的芝麻酚具有防止脱发的功效。此外，芝麻油中还有很多维生素E，而维生素E的职责是将营养运输到毛发的根部。

这道菜的功效非常强，即便量少，也能发挥作用。请把它作为常吃的配菜，端到饭桌上吧。

让头发即刻变年轻的快手菜

锌
增加发量

扇贝

解决
所有头发
烦恼！

材料（2 人份）

扇贝柱 ┈┈ 2~4 个
小松菜 ┈┈ 1 把
芝麻油 ┈┈ 1 大匙
盐 ┈┈ 少许

制作方法
用芝麻油翻炒，再用盐
调味，就完成了！

扇贝炒小松菜

芝麻油

小松菜

芝麻酚
防止脱发

维生素 E
将营养输送到 毛发根部

铁
增加发量

维生素 A
让头发茁壮 成长

利用牡蛎的"减龄功效"，
让头发顺滑如丝

想要过了30岁后，头发依旧如丝般顺滑，那就需要多多食用牡蛎。

说到锌，首先想到的就是牡蛎。由此可见，牡蛎就是含锌食物界的代表，而且还是摄取效率最高的食物。

当然，构成头发最主要的原材料是蛋白质。而牡蛎中的蛋白质含量也是非常高的。除此之外，牡蛎中还含有大量可以让头发变黑的铜元素。因此，吃牡蛎，还能让新长出来的头发乌黑发亮。

牡蛎这种食材，喜欢的人很喜欢，讨厌的人很讨厌。但是如果做成炸牡蛎，就不会那么难以入口了。炸牡蛎可以在外面吃或打包带回家，一次吃4~5个就足够了。

你可能会觉得油炸食品是减肥的大敌，但适度的脂肪可以让头发和肌肤更有光泽感，没必要特别忌讳。但是，吃的时候，请尽量少蘸塔塔酱等热量高的酱料。

没有牡蛎的季节，可以用海藻类来代替。虽然功效没有牡蛎那么强大，但胜在可以做成味噌汤、海藻沙拉等经常食用。

牡蛎吃得越多，头发变得越顺滑

\ 手指穿过，如丝般顺滑！ /

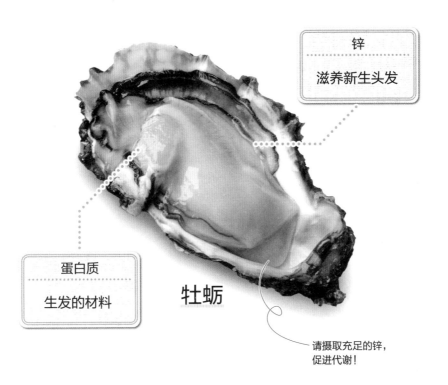

锌

滋养新生头发

蛋白质

生发的材料

牡蛎

请摄取充足的锌，
促进代谢！

推荐这么吃！

• 做成炸牡蛎，更容易入口。
• 吃 4~5 个，尽量不蘸塔塔酱。

让"魔法美食"代替染发膏，还你一头乌发

开始长白头发了——有一道菜可以让你形象大变，它就是腰果炒鸡肉。这道菜可以解决白发问题，让你的头发"重返年轻"。

头发的黑色和黑色素的量有关。但是过了40岁之后，随着新陈代谢水平等的降低，头发中无法再生成黑色素。这就是头发变白的原因。

腰果含有丰富的铜元素，而铜是合成黑色素过程中不可或缺的营养成分。同时，腰果还含有大量的锌、镁以及B族维生素中的维生素H。其中，镁和维生素H相互作用，还可以促进糖类、脂类和蛋白质的代谢。

鸡肉富含的动物蛋白是生成头发的材料。另外，鸡腿肉也含有B族维生素，所以将鸡肉和腰果搭配在一起食用，有助于生成一头年轻乌黑的秀发。

这道菜的主角是腰果。增加鸡肉的量，或者添加青椒、辣椒等配菜都可以。但唯独腰果，一定要多放一点。

对付白头发的理想美食

＼ 腰果让头发变黑！／

材料（2人份）

鸡腿肉 ⋯⋯⋯ 1/2块

（约140 g）

腰果 ⋯⋯⋯ 100 g

大葱 ⋯⋯⋯ 1根

生姜 ⋯⋯⋯ 少许

制作方法

① 将各种食材切成适口的大小后，放入油中翻炒。

② 最后用盐调一下味，就完成了！

腰果炒鸡肉

铜	锌
让头发变黑	生成新的黑发

维生素 H	镁
预防白发	促进新陈代谢

腰果

利用纳豆和秋葵的黏性物质，
让头发亮丽有光泽

当头发变得干枯毛糙时，就吃纳豆拌秋葵。光这一道菜，就可以让你的头发变得水润顺滑，整体形象变得年轻很多，像换了一个人似的。

头发的光泽源自纳豆和秋葵的黏性物质。这种黏性物质可以提高蛋白质的吸收率。头发是蛋白质的固体形态，可想而知，当它的吸收率得到提升时，会产生多么明显的效果。

纳豆富含构成头发的主要成分——蛋白质，以及可以改善皮脂代谢的维生素B_2，还有可为头发提供营养的维生素H。

秋葵富含维生素C，而维生素C可以对抗压力和衰老。

压力会加速头发的衰老，原因在于压力会导致血液运行不畅，无法将营养物质输送给头发。当人面临巨大压力的时候，头发就会出现干枯毛糙、脱发、易断、变白等老化问题。

纳豆和秋葵都含有丰富的黏性物质，再加上秋葵中的维生素C，可以说它们是让头发变得水润顺滑的最佳搭档。

纳豆和秋葵是最佳搭档

头发肉眼可见地变得水润且顺滑了！

维生素 H
让头发变得水润有弹性

维生素 B$_2$
让头发变得有光泽

黏性物质可以让头发变得滋润有光泽！

纳豆拌秋葵

维生素 C
对抗头发的衰老

轻轻拍打后，会出来更多的黏性物质！

秋葵

王菜可以改善干枯毛糙的头发

想要修复受损的头发，最好食用王菜。王菜的黏性物质是头发光泽的来源，可以滋润受损的头发。

头发原本是蛋白质固化后的产物。但是，将头发表面包裹起来的角质层会因为下一页提到的三个原因变得容易脱落。角质层包裹在头发的表面，是保护头发的物质。脱落后，头发就会变得干枯且毛糙。

因为长年的烫发、染发而脱落的角质层，将永远无法恢复如初。

为了滋润干枯毛糙的头发，让它重新变得顺滑有光泽，我们需要王菜这个最强辅助。因为王菜中含有丰富的维生素A和维生素E，它们对于头发恢复强韧非常重要。不仅可以修复现在已有的头发，还可以生成具有坚固角质层的新秀发。

王菜是夏天的蔬菜。但近年来，除了冬天最冷的时候外，其他季节都可以在超市或网上购物平台买到。请一定要试一下。

黏性物质可以修复受损头发

头发为什么会变得干枯毛糙、容易脱落?

1. 由长年的梳头和吹风机的热带来的损伤。

2. 由烫发、染发带来的损伤。

3. 年龄增长带来的衰老。

此时就轮到王菜出场了!

维生素 A

生出拥有坚固
角质层的秀发

恢复顺滑有光
泽的头发!

维生素 E

给促进头发生长
的细胞输送营养

食用量

2 人份
1 把

做成凉拌菜后,
黏滑度会增加!

王菜

06 绿茶竟然可以预防口臭

口臭这个问题，自己往往很难意识到。那就用"预防口臭的一把手"绿茶为自己做好护理吧。

话说回来，口臭的原因是什么呢？胃不舒服、蛀牙、牙周病等，这些都可能造成口臭。但如果是由食物造成的口臭，建议一定要用绿茶来解决。比如，食用了具有强烈气味或刺激性味道的食物、菜肴后，嘴里一股大蒜味、大葱味，再比如喝了酒之后的酒臭等。对于这些味道，绿茶能够发挥立竿见影的效果。

绿茶含有丰富的多酚——儿茶素和叶绿素。儿茶素具有很强的抗菌、杀菌作用以及抗氧化作用。而叶绿素的杀菌作用和除臭效果也是公认的。

喝的时候，至少喝1杯（200~500 ml）。没必要一口气喝完，分几次慢慢喝，才能发挥效果。

喝这么多的量还有另外一个原因，就是可以用水漱口。口中一旦干燥，一直存在于口腔的细菌就会迅速繁殖，引起口臭。

口中有异味时就喝绿茶

喝 200~500 ml。

儿茶素

具有抗菌、杀菌
和抗氧化作用

233

叶绿素

具有杀菌作用
和除臭功能

绿茶

瓶装原味绿茶也可以！

用海蕴醋生姜去除汗臭味

想要去除更年期特有的汗臭味，那就试试海蕴醋生姜吧。它可以快速解决女性独有的出汗烦恼。

更年期容易出汗。而且更年期的汗水比较黏稠，含有很多氨，这就是产生臭味的罪魁祸首。想要去除臭味，必须先让身体不制造过多的氨。为此，需要改善肠道环境。

海蕴富含膳食纤维，非常适合用来改善肠道环境。另外，柠檬酸会辅助肝脏代谢氨，而且还有助于缓解疲劳。富含柠檬酸的醋是容易疲劳的更年期女性的好朋友，那就喝点醋吧。

更年期容易出汗，是因为自律神经掌管的汗腺和体温调节功能出现了紊乱，再加上更年期的人本就容易产生焦躁不安的情绪，就更容易出汗了。

这时，反而要食用具有发汗作用的生姜来改善汗腺功能，让出的汗变得相对比较清爽。汗腺功能得到改善后，就可以预防多汗和汗臭味了。

醋是更年期人士的强力后盾

海蕴醋建议做成
三杯醋！

膳食纤维

净化肠道

柠檬酸

代谢氨、
缓解疲劳

还有助于减肥！

海蕴醋生姜

添加 1/3~1/2
小匙。

改善汗腺功能。
防止多汗、汗臭！

晚餐吃，可以抑制
出汗和体温的紊乱！

生姜末

喝胡萝卜汁，预防令人头疼的"老人味"

过了40岁之后，有些人就会出现"老人味"。其实，"老人味"是可以通过饮食预防的。

想要预防"老人味"，就要多食用含有抗氧化成分的蔬菜或水果。推荐试试喝胡萝卜汁吧。接下来，我要介绍一种特制胡萝卜汁，里面包含预防老人味需要的所有营养成分。

只要喝1杯，还可以解决平时蔬菜、水果摄取不足的问题。

制作这种特制胡萝卜汁需要的材料有胡萝卜、橙汁和蜂蜜。胡萝卜中的β-胡萝卜素含量颇多，橙汁则含有丰富的维生素C和柠檬酸，蜂蜜含有寡糖。

最好早上喝。这样还可以防止白天出太多汗。但是，必须要注意，不能摄入太多动物性脂肪，否则效果减半。

消除异味是一场持久战。一定要养成习惯，坚持每天都喝1杯特制胡萝卜汁。

弥补蔬菜、水果摄入不足

每天早上都要喝的特制果汁！

代谢氨、缓解疲劳

强抗氧化作用

柠檬酸

β-胡萝卜素

维生素 C

特制胡萝卜汁

调节肠道环境，抑制氨

寡糖

蜂蜜

这样就可以
解决"老人味"了！

材料（2 杯份）

橙汁（100% 浓缩还原）……… 300 ml

胡萝卜 ………1根（约 160 g）

水 ……… 50 ml

蜂蜜 ……… 2~3 大匙

制作方法

① 将胡萝卜去皮，切成块。

② 把所有食材放入搅拌机，搅拌 30 秒左右，等胡萝卜完全搅碎成果汁，就完成了！

09　改善体寒的美食——生姜炒蛤蜊

　　明明天气不冷，却手脚冰凉。建议体寒人士食用生姜炒蛤蜊。因为这道菜可以解决造成体寒的血液运行不畅问题。

　　这道菜的做法很简单，只需将蛤蜊和切成末的生姜放在一起翻炒即可，就对改善体寒有奇效。

　　蛤蜊含有丰富的铁，而铁是改善缺铁性贫血所必需的营养成分。而且，这些铁大多是吸收率很高的血红素铁。

　　想要吃到足量的蛤蜊，最好选用水煮罐头，而不是带壳的蛤蜊。将足量的生姜切成末，放入油中和蛤蜊一起翻炒，最后用盐调味即可。

　　生姜的辛辣成分可以温暖身体，对改善体寒很有效。但鲜生姜中含量较高的姜辣素反而会让身体变冷。因此，生姜必须加热做成菜。

　　姜辣素加热后形成的姜酮具有燃烧脂肪的功效。燃烧脂肪的过程中产生的能量还可以温暖身体。同时，姜烯酮也会增加。这两种成分都可以改善血液循环，温暖身体。

　　本书前文P157介绍了生姜油。把生姜做成生姜油来使用，也很有效。

温暖手脚的贝类美食

\ 解决造成体寒的血液运行不畅问题! /

使用生姜油（P157），
效果更好!

温暖身体

改善全身的
血液循环

姜酮

维生素 E

姜烯酮

使用带壳的
也可以!

预防贫血

生姜炒蛤蜊

铁

材料（2 人份）

水煮蛤蜊罐头 ┈┈┈ 1 罐（80 g）
生姜末 ┈┈┈ 1 大匙（约 15 g）
小葱 ┈┈┈ 1 根
食用油 ┈┈┈ 1 大匙
鸡精（颗粒状）┈┈┈ 1 小匙
盐 ┈┈┈ 少许

制作方法

将蛤蜊、生姜和切好的葱花
放在一起用油翻炒，最后加
入鸡精和盐调味即可!

天津市版权登记号：图字02-2022-005号

图书在版编目（CIP）数据

越吃越瘦，越吃越年轻 /（日）菊池真由子著；吴
梦迪译 . -- 天津：天津科学技术出版社，2022.4（2024.4 重印）

ISBN 978-7-5576-9951-2

Ⅰ . ①越… Ⅱ . ①菊… ②吴… Ⅲ . ①减肥—食谱②
饮食营养学 Ⅳ . ① TS972.161 ② R155.1

中国版本图书馆 CIP 数据核字 (2022) 第 044229 号

越吃越瘦，越吃越年轻
YUE CHI YUE SHOU,YUE CHI YUE NIANQING
责任编辑：张建锋
责任印制：兰　毅
出　　版：天津出版传媒集团
　　　　　天津科学技术出版社
地　　址：天津市西康路35号
邮　　编：300051
电　　话：(022)23332400（编辑部）　23332393（发行科）
网　　址：www.tjkjcbs.com.cn
发　　行：新华书店经销
印　　刷：天津联城印刷有限公司

开本 710×1000　1/16　印张 16.5　字数 170 000
2024年4月第1版第2次印刷
定价：68.00元

快读·慢活®

《30天养成易瘦体质》

1 天养成 1 个瘦身习惯，简单、轻松、易坚持

　　日本"运动&科学"代表、NACA 认证的力量与体能专家在本书中教大家从"心理 & 大脑""营养""运动"等三方面，正确认识减肥、避开减肥误区，让大家通过 30 天的"易瘦体质训练"，减少脂肪、紧致肌肉，养成一生受益的"易瘦体质"。1 天只需实践 1 个项目，30 天就能养成易瘦体质，易坚持、不易反弹！书中更有简单易操作的拉伸指南、运动方法等内容，超级实用！

　　随书附赠《易瘦体质养成记录手册》，让你通过记录清楚地知道自己每天完成的项目，切实地感受减肥的效果。30 天的时间不过是人生的千分之一，但在这千分之一的时间内做出的努力却可以让你一生都摆脱身材走样和体重过重的烦恼。

　　那么，让我们现在就开始吧！

快读·慢活®

《长寿汤》

1 道汤改善肠道环境，打造不易生病的健康体质！

日本医学博士、免疫学专家藤田纮一郎揭秘"求医不如求己"的秘密武器——长寿汤，教你在日常饮食中加入 1 道长寿汤，改善肠道环境，激活免疫细胞，打造不易生病的健康体质！

作者和日本料理研究家强强联合，精选了上百种有益肠道健康的食材，设计了 70 道简单、美味、易坚持的长寿汤，帮你改善高血糖、肥胖、易疲劳、脱发等症状。

现在开始，先用两周时间尝试本书中介绍的食谱，慢慢地你会发现每天端上餐桌的那碗汤，会成为改变日常饮食的关键，而你也一定能感受到身体细微而持续的改善。

快读·慢活®

《惊人的蔬菜汤》

让身体恢复元气的医疗级蔬菜汤!

　　享誉世界的抗癌药研发专家、诺贝尔化学奖热门候选人亲授医疗级蔬菜汤,每天1碗蔬菜汤,抗病毒、抗氧化、抗衰老,打造不易生病的健康体质!

　　书中详细讲解了蔬菜汤的种类、功效以及制作和保存方法。除此之外,还普及了癌症形成的原因,从严谨的科学角度分析了蔬菜汤的保健及防癌作用。全书研究资料翔实,科学严谨且通俗易懂,让你一看就懂,轻松实践!

快读·慢活®

　　从出生到少女，到女人，再到成为妈妈，养育下一代，女性在每一个重要时期都需要知识、勇气与独立思考的能力。

　　"快读·慢活®"致力于陪伴女性终身成长，帮助新一代中国女性成长为更好的自己。从生活到职场，从美容护肤、运动健康到育儿、家庭教育、婚姻等各个维度，为中国女性提供全方位的知识支持，让生活更有趣，让育儿更轻松，让家庭生活更美好。